2020 UN BIODIVERSITY CONFERENCE
COP 15-CP/MOP10-NP/MOP4
Ecological Civilization-Building a Shared Future for All Life on Earth
KUNMING·CHINA

生态文明：共建地球生命共同体
谨以此书献给《生物多样性公约》第十五次缔约方大会

Ecological Civilization–Building a Shared Future for All Life on Earth
This book is dedicated to the 15th meeting of the Conference of the Parties to the Convention on Biological Diversity

中观自然

——长江经济带国家级自然保护区管理评估十佳案例

王　伟　罗建武　刘方正　等 / 著

ZHONGGUAN
ZIRAN

中国环境出版集团・北京

图书在版编目（CIP）数据

中观自然 ：长江经济带国家级自然保护区管理评估十佳案例 / 王伟等著. -- 北京 ：中国环境出版集团，2021.7
ISBN 978-7-5111-4731-8

Ⅰ. ①中… Ⅱ. ①王… Ⅲ. ①长江经济带－自然保护区－管理－案例 Ⅳ. ① S759.992

中国版本图书馆 CIP 数据核字（2021）第 095897 号

出 版 人 武德凯
责任编辑 丁莞歆
责任校对 任 丽
装帧设计 金 山

出版发行 中国环境出版集团
（100062 北京市东城区广渠门内大街 16 号）
网 址：http://www.cesp.com.cn
电子邮箱：bjgl@cesp.com.cn
联系电话：010-67112765（编辑管理部）
010-67147349（第四分社）
发行热线：010-67125803，010-67113405（传真）
印装质量热线：010-67113404
印 刷 北京盛通印刷股份有限公司
经 销 各地新华书店
版 次 2021 年 7 月第 1 版
印 次 2021 年 7 月第 1 次印刷
开 本 787×960 1/16
印 张 28.5
字 数 300 千字
定 价 198.00 元

《生物多样性公约》第十五次缔约方大会（COP15）
系列图书编委会

本书参著人员

（按姓氏笔画排序）

王　伟	冯春婷	刘方正	杜金鸿
李　君	李俊生	张立博	张　雯
陈念念	罗建武	周　越	房　志

前言

自然保护地是生物多样性就地保护的基础。自1956年我国建立第一处自然保护地——鼎湖山自然保护区以来，至今我国已建立各级各类自然保护地超过1.18万处，保护面积覆盖我国陆域面积的18%、领海面积的4.1%，在维护国家生态安全中居于首要地位。

长江拥有独特的生态系统，是我国重要的生态宝库。习近平总书记在推动长江经济带发展座谈会上强调，当前和今后相当长一个时期，要把修复长江生态环境摆在压倒性位置。截至2018年年底，长江经济带11个省（市）已设立153处国家级自然保护区，在生物多样性保护方面发挥了不可替代的作用，并为沿线范围内约6亿人提供了水源涵养等重要生态系统服务。

为贯彻落实长江经济带重大国家战略，2017—2018年，生态环境部（原环境保护部）联合原国土资源部、水利部、原农业部、原国家林业局、中国科学院、原国家海洋局等部门组织开展了长江经济带国家级自然保护区的管理评估工作。在生态环境部的指导下，笔者所在的研究团队具体实施完成了长江经济带11个省（市）120处国家级自然保护区的管理评估工作，并邀请相关行业、相关领域专家赴保护区实地考察，累计行程近10万km，查阅档案资料1万余件。评估结果表明，长江经济带国家级自然保护区管理工作取得了积极进展，绝大部分保护区设置了独立的管理机构，所有保护区都建立了管理制度并开展了日常巡护工作，自然保护区主要保护对象状况基本稳定，部分重点保护野生动植物数量稳中有升，保护区与社区协同发展取得了一定成效。从沿线各省级行政区总体情况来看，上海、江苏、浙江、湖北、江西等省（市）的评估情况较好。

此次评估工作也受到了社会各界的广泛关注。2019年8—9月，生态环境部通过新闻发布会、媒体宣传报道等方式正式向社会公开发布了评估结果排名前10位的保护区，分别为四川卧龙、湖北五峰后河、江苏泗洪洪泽湖湿地、湖北神农架、江苏大丰麋鹿、贵州赤水桫椤、江西武夷山、浙江天目山、贵州梵净山、江西九连山。中央人民政府网站、中央电视台《新闻联播》、《人民日报》、新华网等媒体也对此次评估结果进行了宣传报道。

本书系统梳理了笔者亲身参与此次评估时最直观的现场感受，从保护区的建设情况、管理经验、保护成效等方面，结合专家的综合评判以及笔者的切身体会，总结了评估结果排名前10位的保护区的成绩、经验与亮点之处，以期为我国的自然保护事业提供参考，并为长江经济带“共抓大保护”战略行动提供重要支撑。

此次评估得到了生态环境部自然生态保护司崔书红、柏成寿、张晔、易志坚等领导与专家的指导和支持；原国土资源部、水利部、原农业部、原国家林业局、中国科学院、原国家海洋局等部门推荐的专家不辞辛劳，亲临现场，对评估工作给予了大力帮助；各省（市）生态环境部门、自然保护区主管部门以及管理机构在评估过程中也始终积极参与，在此一并表示衷心的感谢。本书的出版得到了生态环境部自然保护区综合监管项目的资助。

本书可供自然保护地相关专业的科研人员和学生、自然保护地管理工作者以及对自然保护地感兴趣的读者阅读使用。由于资料和时间的限制，不足之处在所难免，敬请广大读者不吝指正。

作者

2020年12月于北京

目录

引言

借力中华传统文化　不断推动自然保护地生态保护

王　伟　陈念念

中国一直高度重视自然生态保护工作，在习近平新时代中国特色社会主义思想指引下，始终坚持人与自然和谐共生，致力于生态文明建设。

中华优秀传统文化是习近平总书记治国理念的重要来源之一。中华文明传承五千多年，积淀了丰富的生态智慧。这些独特的生态文化，既是宝贵的精神遗产，也是目前可持续发展的生态思想的渊源。中国传统生态伦理思想以"天人合一""道法自然""敬畏生命""兼爱万物""寡欲节用"等为精神基础，以人与自然的关系为整体框架，主张万物之间具有和谐统一的关系，构成人文伦理与自然生态相统一的生态道德。对自然保护地的生态保护来说，提高保护成效，实现生态保护与可持续发展的良性互动，除了需要政策法规护航、各部门科学有效的管理，全社会的生态保护共识也是一个重要方面，而中国传统的生态保护理念往往具有重要的作用。

"天人合一"，形成了自然保护地生态美学的价值观。中国古代倡导的"天人合一"、自然界是人类的生命发源之地、人的生存和发展离不开自然界等观点，使自然保护地周边的传统生产生活方式和自然本身融为一体，形成和谐的生命画卷。自然保护地的建立在保护生物多样性的同时，也潜在保存了人类在长期适应自然的过程中所形成的文化与习俗。反过来，这种传统文化使社区居民对家乡美好环境产生了自豪感，带动了当地自然生态环境和文化多样性的有效保护。例如，长期生活在青海三江源国家级自然保护区的牧民群体中，流传下来许多生态保护的习俗与约定，对神山圣湖的崇敬使他们自发地保护野生动物和生态环

青海三江源国家级自然保护区（王伟 / 摄）

境，这也成为促进当地人与自然和谐共生的重要因素。

“物无贵贱”“万物一齐”，遵从平等的价值观始终贯穿于我国从古至今的生态保护理念发展史。不同于西方绿色思潮运动中“人类中心主义”和“自然中心主义”的观点辩争，中华传统文化中孕育出的生态思想本身带有朴素的辩证观，主张的是一种平等、仁爱的观点，特别是在野生动物保护方面体现得尤为突出。白居易诗曰：“谁道群生性命微，一般骨肉一般皮。劝君莫打枝头鸟，子在巢中望母归。”该诗句就曾作为保护生态环境的宣传标语竖立在自然保护地内，教育公众要遵从生命平等的价值观。事实证明，借助传统“物无贵贱”“万物一齐”的平等价值观念，有助于提升公众对保护野生动物和维系生态系统平衡理念的认知，从而减少人为因素对自然保护地的威胁。

重庆金佛山国家级自然保护区（王伟 / 摄）

“制天命而用之”，体现了人类掌握自然规律变化的智慧，也塑造了传统的生态保护观。中华传统文化包含了人类在长期探索自然的过程中总结的生产、生活规律与经验，如“川渊深而鱼鳖归之，山林茂而禽兽归之”等，形成了我国原始的、传统的、朴素的自然生态保护理念。例如，江西铜钹山国家级自然保护区所在区域曾为历代官府的封禁之地，一方面可以使百姓“有余食”“有余用”“有余材”，另一方面也可以让各种生物自然成活和生长。据历史考证，在唐中和四年（公元884年），皇帝下诏开始封禁铜钹山，至清同治八年（公元1869年）撤禁，封禁历史长达近一千年，正因为这段时期的休养生息，使铜钹山较好地保留了原生的自然生态环境。这种深度保护、适度开发的理念使自然保护地在较为有限的人力、财力、物力资源情况下，取得了较好的生态保护效果，其蕴含

江西铜钹山国家级自然保护区（刘方正 / 摄）

的生态养生、民俗文化等元素也给当地社区发展带来了新的机遇。

“善假于物”“物尽其用”，教化世人要合理利用自然资源，形成了传统的可持续发展理念。荀子极力主张和宣扬“开源节流”“取用有节”“物尽其用”的思想。这种有效保护和可持续利用的思想，正是自然保护地探索可持续发展模式的一项有效对策。例如，四川唐家河国家级自然保护区采取“物尽其用”“开源有度”的生态保护策略，不仅带来了绿色资产，也带动了社区参与保护的积极性。在四川唐家河国家级自然保护区设立之前，曾因接连砍伐树木使水质遭到破坏，而从保护区建立至今，通过种植和保护树木保障了生态系统的水源涵养功能，使河水水质及其水量逐渐恢复。周边社区居民借助良好的自然环境，不仅可以推广野蜂蜜、木耳、核桃等生态产品，更依托自然保护区内的优良水质压制出青溪豆腐等特色美食，再加上吃野菜、喝桃花酒等传统农家饮食文化，不断吸引游客前来开展生态体验活动，成为探索自然资源可持续利用的典范。

四川唐家河国家级自然保护区（刁鲲鹏 / 摄）

中国传统文化博大精深，传统生态文化更是对于自然保护地的生态保护具有重要的启迪作用。借力中华传统文化不断推动自然保护地的生态保护，提升公民生态意识，既是实现人与自然和谐共生的必由之路，也是坚持文化自信、讲好中国故事、推动中华传统生态文化走向世界的有益实践。

（本文原载于2020年4月23日的《中国环境报》，此处略有修改。）

总论

长江经济带国家级自然保护区管理状况总体评价

冯春婷　罗建武　刘方正　周　越　张立博　杜金鸿　王　伟

长江经济带覆盖上海市、江苏省、浙江省等11个省（市），面积约205万km^2，占我国陆域总面积的21%，生态系统类型多样，生物多样性极为丰富，拥有重要的生态地位[1]。党中央、国务院高度重视长江经济带生态环境保护工作，习近平总书记多次对长江经济带生态环境保护工作作出重要指示，要把修复长江生态环境摆在压倒性位置，共抓大保护，不搞大开发，为长江经济带指明了一条生态优先、绿色发展的新道路。近年来，在全球气候变化和人类活动强度不断加大等因素的共同作用下，长江经济带正面临着生物多样性保护和社会可持续发展的迫切需求[2, 3]。

建立自然保护区是缓解生态环境恶化和保护生物多样性的重要手段[4, 5]。截至2018年年底，长江经济带11个省（市）共有153处国家级自然保护区，总面积7.11万km^2，在生物多样性保护方面发挥了不可替代的作用，并为沿线范围内约6亿人提供了水源涵养等重要生态系统服务[6, 7]。但长江经济带作为我国经济相对发达的地区，其资源和开发利用活动却使自然保护区的发展面临严峻的挑战[8, 9]，从而引起了学者的广泛关注。林孝松等[10]研究表明，长江经济带中部和西部各省（市）的自然保护区管护力度不足，需进一步提升。郑海洋等[11]通过实地调研、查阅相关资料、走访社区居民以及召开座谈会等方式，对浙江省国家级自然保护区的管理工作现状进行了分析，结果表明这些自然保护区在人员编制、功能区划、运行经费保障等方面存在不足。谢志红等[12]选取自然保护区机构能力、长期管理工作、资金筹措和当地社区参与4个方面的标准及管理有效性评价的12项评分指标，对湖南省62处自然保护区的管理有效性进行评价，结果显示湖南省一半以上的自然保护区管理状况处于中等水平。夏欣等[13]以客观条件、人员机构、经费与设施3个方面9项指标对浙江省所有自然保护区管理基础状况进行评价，结果表明浙江省自然保护区的管理基础状况处于中等水平。以往的这些研究多关注长江经济带某一省份或区域的自然保护区管理工作，但对整个长江经济带国家级自然保护区管理有效性进行系统性评估的研究较少。另外，以往的自然保护区管理有效性评估采用的指标多偏重管理工作本身，对保护成效及其影响因素等方面的评估涉及较少，未能反映当前自然保护区生态环境监管形势下的突出问题。

本文利用2017年12月环境保护部发布的《自然保护区管理评估规范》（HJ 913—2017）（以下简称《规范》）对长江经济带120处[1]国家级自然保护区的管理状况进行评估。《规范》不仅参考世界自然保护地委员会（WCPA）的自然保护地评估框架和基本评价要素，包括背景、规划、投入、管理过程、产出和效果6个方面，还结合我国当前自然保护地体制改革新形势下生态环境监管的需求，涵盖了管理基础、管理措施、管理保障、管理成效、负面影响5个方面的评估内容，重点突出违法违规问题、主要保护对象变化等方面的情况，更能客观地反映自然保护区的管理工作状况及成效，对于评价我国自然保护区的管理成效具有实际价值。本文的分析主要基于以上5个方面的20项评估指标的评分结果，得出了长江经济带120处国家级自然保护区管理状况的整体特征，采用线性回归分析和相关分析分别评估不同省份、不同建立时长、不同规模和不同类型的自然保护区管理状况的差异，通过计算各项指标的平均得分率明确各项指标对自然保护区管理有效性的贡献程度，再

[1] 长江上游珍稀特有鱼类国家级自然保护区跨越四川、云南、贵州、重庆三省一市，管理评估工作以省为界分别对其进行评估，故在后文统计数据中共有123处自然保护区的评估结果。

通过斯皮尔曼（Spearman）相关分析法进一步明确自然保护区管理状况的影响因素以及各项评估指标之间的关系，以期为长江经济带自然保护区的管理提供决策支撑，进而改善和提高全国自然保护区的管理质量与管理能力。

研究方法

• 评估方法

2017年12月至2018年12月，笔者所在的研究团队与原环境保护部、原国土资源部、水利部、原农业部、原国家林业局、中国科学院、原国家海洋局7个部门推荐的专家共同组成评估组，对上海等长江经济带的11个省（市）共120处国家级自然保护区开展了管理评估工作，参与专家100余人次，野外工作200余天。管理评估工作程序为评估专家组（至少5人）听取自然保护区管理机构工作汇报，查阅相关档案资料，再结合遥感监测报告和实地查勘，召开社区代表座谈会，并基于《规范》列出的20条指标分别进行打分。如果某项指标专家评分结果差异较大，则根据评分依据及专家掌握的资料，进行评估组内部讨论，直至所有专家达成一致意见。所有专家每项指标评分的算术平均值为该指标的最后得分，20项指标之和为该自然保护区管理评估的最终得分。

• 评估指标与评分

自然保护区管理评估指标共5项20条，满分为100分，其中，管理成效中的保护对象变化指标满分为16分；管理措施中的日常管护、巡护执法和管理保障中的管护设施指标满分均为7分；管理保障中的机构设置与人员配置、专门执法机构、资金指标满分均为5分；负面影响中的开发建设活动影响指标满分为0分（若有影响记负分，若无影则为0分）；其他各项指标满分均为4分。得分85分以上（含85分）评估等级为“优”，70～84分评估等级为“良”，60～69分评估等级为“中”，59分以下（含59分）评估等级为“差”。

● 数据处理

根据评估专家组的打分结果，通过计算平均得分率及120处国家级自然保护区不同评分等级占比，分析其管理状况的整体特征。从国家统计局网站下载2007—2017年11个省（市）人均地区生产总值，将这10年的人均地区生产总值的平均数与11个省（市）的管理评估得分进行线性回归分析，采用SPSS 19.0软件并通过相关分析分别得出自然保护区建立时间与其得分之间的关系、自然保护区得分与其面积大小之间的关系、不同类型自然保护区与其得分之间的关系。

因各项指标的满分不同，无法直接比较管理基础等5项评估内容和土地权属等20项评估指标的得分特征，故计算了各指标的平均得分率，进而明确各项指标对自然保护区管理有效性的贡献程度，见式（1）。

$$S_i=\overline{X}_i /A_i \qquad (1)$$

式中，S_i——i指标的平均得分率；

$\overline{X}_i$——120处国家级自然保护区i指标的平均得分，分；

A_i——i指标的满分分数，分。

根据各项指标的评分结果，将得分较低的指标作为制约自然保护区管理水平的重点指标，并进一步按照每个重点指标的评分等级（“优”“良”“中”“差”），分别统计各等级自然保护区的数量。若自然保护区的某个重点指标的实际得分大于等于该指标满分的0.85倍，则划分为“优”；大于等于0.7倍且小于等于0.84倍，则划分为“良”；大于等于0.6倍且小于等于0.69倍，则划分为“中”；小于等于0.59倍，则划分为“差”。

为进一步明确自然保护区管理状况的影响因素以及各项评估指标之间的关系，运用Spearman相关分析法分析了20项评估指标平均得分率以及总得分之间的相关性，同时对相关性系数在0.05和0.01置信水平上进行显著性检验。相关系数为正表明各项指标之间存在正相关，反之为负相关；相关系数的绝对值越接近1，相关性越强。

结果与讨论

● 自然保护区管理状况的整体特征

（1）自然保护区管理状况整体评分特征。长江经济带120处国家级自然保护区管理评估评分等级见图1，平均得分为81.41分。46.3%的自然保护区评分等级为“优”，44.7%的自然保护区评分等级为“良”，7.3%的自然保护区评分等级为“中”，1.7%的自然保护区评分等级为“差”，这表明长江经济带国家级自然保护区的管理状况总体较好。考虑到长江经济带的经济发展水平相对较高，因而在自然保护区建设资金等方面的投入较大，对自然保护区的价值和功能认知也相对较高，有利于各项管理措施的顺利实施[14]。类似研究也表明，经济较发达地区可为自然保护区的基础设施建设、人员配备等提供支持[15]，与本文结论较为一致。

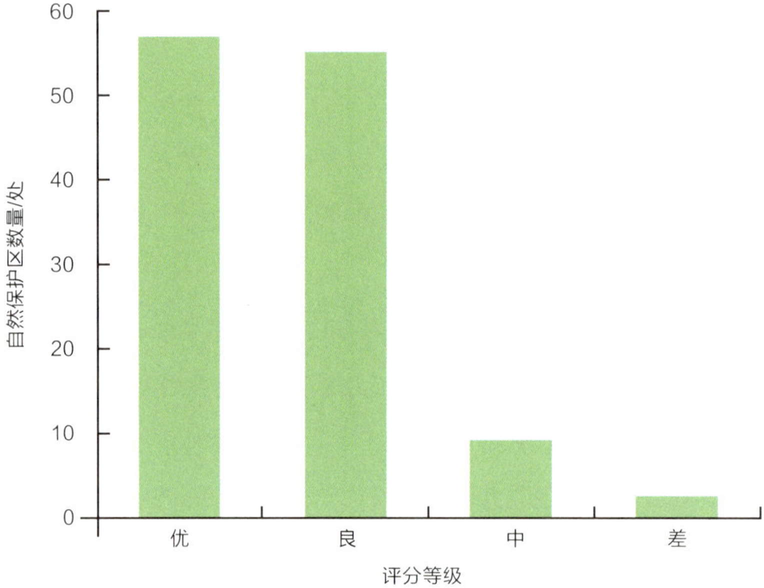

图 1　长江经济带 120 处国家级自然保护区管理评估评分等级

（2）不同省（市）的自然保护区管理状况。不同省（市）自然保护区管理状况的得分情况见图2。11个省（市）的自然保护区数量差异较大，四川省最多（26个），上海市最少（2个）。从各省（市）自然保护区的平均得分来看，江苏省最高（89.33分），重庆市最低（76.60分）；江苏省、浙江省、上海市和湖北省等级为优，其余省（市）等级为良。从优良比例来看，江苏省、浙江省、江西省、湖北省、上海市的自然保护区有一半以上评为“优”，仅有四川省的2个自然保护区评为“差”。11个省（市）10年间（2007—2017年）人均地区生产总值的平均数与其管理评估得分的线性回归系数显著性检验P=0.007，表明自然保护区的管理状况与人均地区生产总值呈线性相关，经济较发达地区的自然保护区管理状况也相对较好，这与前文的结论是一致的。

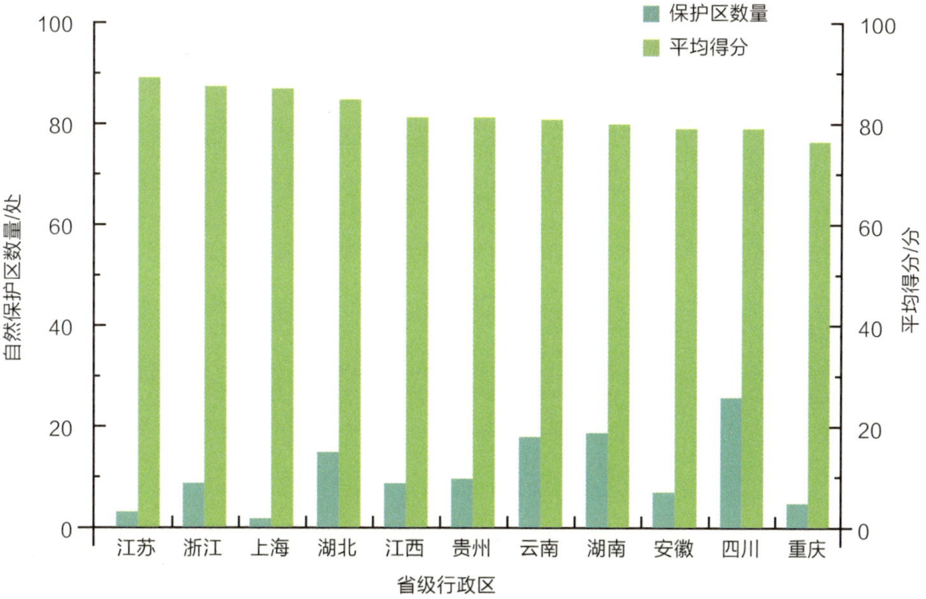

图 2　长江经济带不同省（市）国家级自然保护区管理状况得分情况

（3）不同建立时长的自然保护区管理状况。按照建立时间来看，1956—1978年建立的自然保护区有10个，平均得分为86.80分；1979—1995年建立的自然保护区有83个，平均得分为82.59分；1996—2018年建立的自然保护区有30个，平均得分为76.20分（图3）。由相关分析可知，自然保护区管理评估总得分与其建立时长呈正相关（R=0.4，P<0.05，n=123），说明自然保护区建立的时间越长，其管理状况相对越好，原因可能在于自然保护区建立时间越长，其管理机构设置就越齐全，专业技术人员比例更高、高级技术人员数量更多，资金投入机制更加完善，相关规章制度更加规范，相应的自然保护区管理状况也就越好。该结论与舒勇等[16]对西藏自治区国家级自然保护区的管理评估结果一致，即自然保护区的建立时间越长，其管理有效性评估得分就越高。

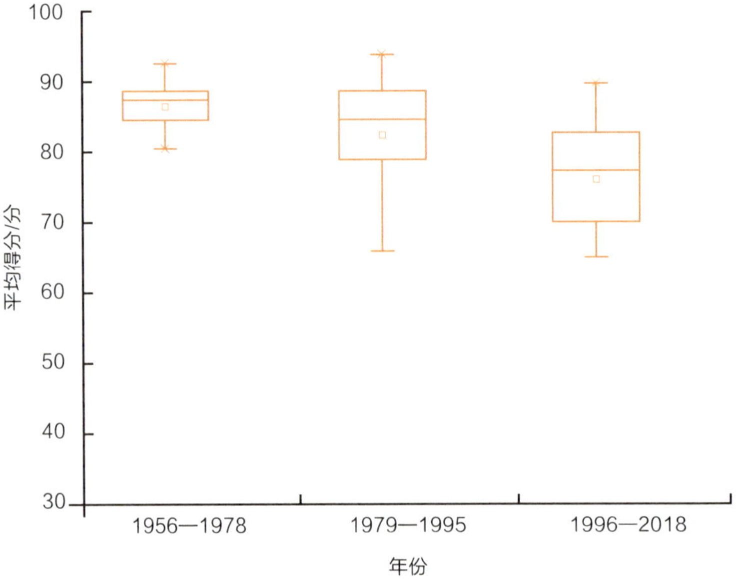

图 3　长江经济带 120 处国家级自然保护区不同建立时间管理评估得分的箱线图

（4）不同规模的自然保护区管理状况。我国自然保护区依据面积的大小可划分为特大型（>100万hm^2）、大型（100 001～100万hm^2）、中大型（10 001～100 000 hm^2）、中型（1 001～10 000 hm^2）、中小型（101～1 000 hm^2）和小型（≤100 hm^2）6个类型[17]。在此次评估的自然保护区中，中小型有2个，平均得分为80分；中型有11个，平均得分为85.45分；中大型数量最多，有97个，平均得分为81.62分；大型有13个，平均得分为76.69分（图4）。由相关分析可知，自然保护区管理评估总得分与其面积大小呈负相关（$P<0.05$，$R=-0.255$，$n=123$），表明随着自然保护区面积的增加，其管理状况也相对变差。类似研究也得出与此基本一致的结论：随着自然保护区面积的增加，其管理难度可能也会增加，因而导致其管理有效性显著降低[18]。

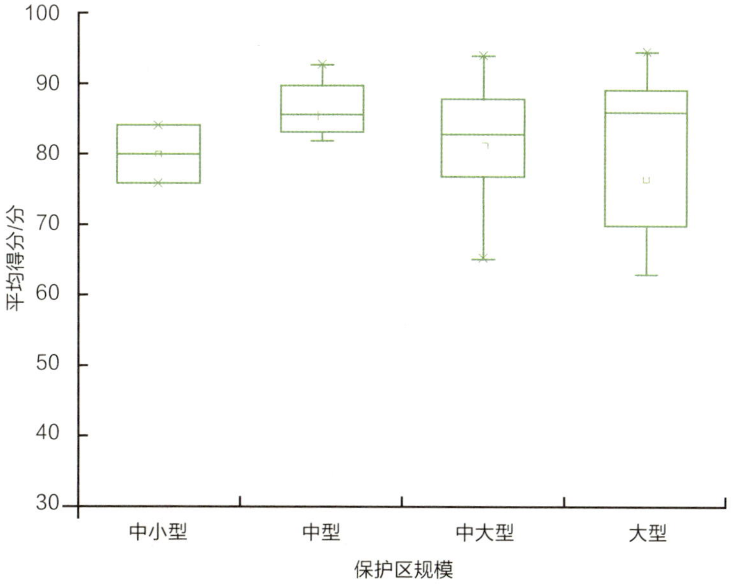

图 4　长江经济带 120 处不同规模的国家级自然保护区管理评估得分的箱线图

（5）不同类型的自然保护区管理状况。不同类型自然保护区管理状况的平均得分见图5。此次评估的120处国家级自然保护区中，属地质遗迹、古生物遗迹和海洋海岸类型的自然保护区均只有1处，故不做比较。野生植物类型的自然保护区管理状况平均得分最高（85.56分），野生动物类型的自然保护区管理状况平均得分最低（78.97分），并且野生植物类型的自然保护区各项评估内容的平均得分均高于野生动物类型的自然保护区，这可能是由于野生植物类型的自然保护区更易于开展保护对象的监测调查等活动。从各项评估指标也可以看出，野生植物类型的自然保护区的保护对象变化、资源调查、动态监测等指标的平均得分均显著高于野生动物类型的自然保护区。

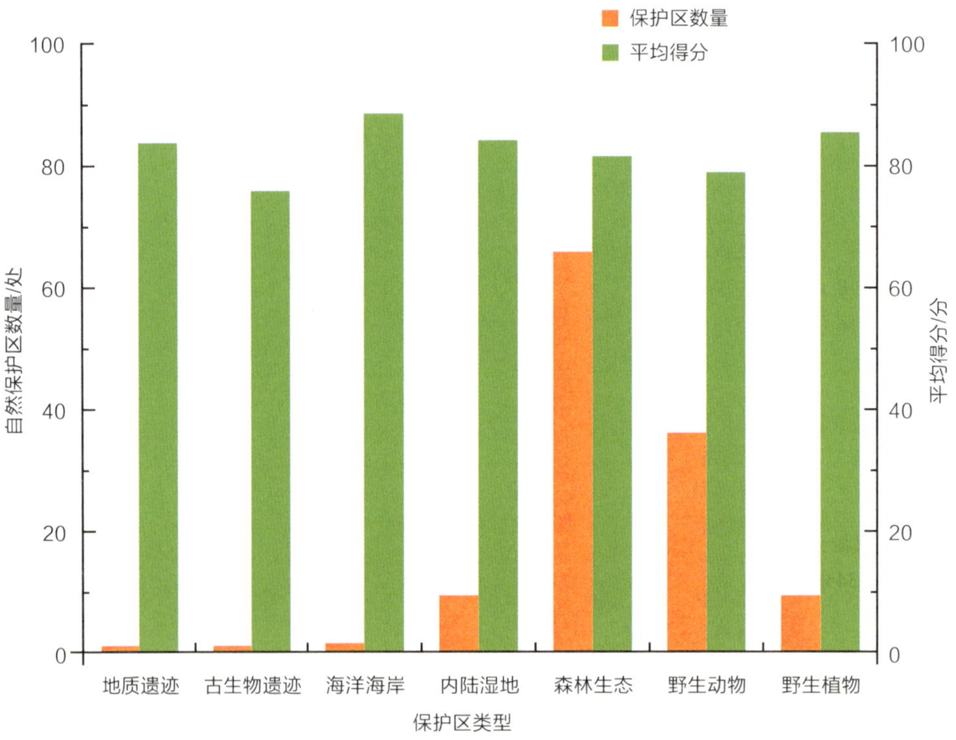

图 5　长江经济带 120 处不同类型的国家级自然保护区管理评估平均得分情况

● 自然保护区管理状况的各项指标特征

长江经济带120处国家级自然保护区管理评估中各项指标的分数特征见表1。

表1　长江经济带120处国家级自然保护区管理评估中各指标的分数特征

评估内容	评估指标	指标平均分/分	指标平均得分率/%	内容平均分/分	内容平均得分率/%
管理基础（0～16分）	土地权属（X_1，0～4分）	3.31	82.7	13.84	86.5
	范围界限（X_2，0～4分）	3.72	92.9		
	功能区划（X_3，0～4分）	3.52	88.0		
	保护对象信息（X_4，0～4分）	3.30	82.5		
管理措施（0～34分）	规划编制与实施（X_5，0～4分）	3.27	81.7	28.10	82.6
	资源调查（X_6，0～4分）	3.52	88.0		
	动态监测（X_7，0～4分）	3.07	76.8		
	日常管护（X_8，0～7分）	5.79	82.7		
	巡护执法（X_9，0～7分）	5.92	84.6		
	科研能力（X_{10}，0～4分）	3.12	78.0		
	宣传教育（X_{11}，0～4分）	3.41	85.2		
管理保障（0～30分）	管理工作制度（X_{12}，0～4分）	3.49	87.2	23.79	79.3
	机构设置与人员配置（X_{13}，0～5分）	3.83	76.6		
	专业技术能力（X_{14}，0～4分）	2.98	74.5		
	专门执法机构（X_{15}，0～5分）	4.10	82.0		
	资金（X_{16}，0～5分）	3.89	77.9		
	管护设施（X_{17}，0～7分）	5.50	78.6		
管理成效（0～20分）	保护对象变化（X_{18}，0～16分）	13.93	87.0	17.27	86.4
	社区参与（X_{19}，0～4分）	3.34	83.5		
负面影响（-10～0分）	开发建设活动影响（X_{20}，-10～0分）	-1.59	84.1	-1.59	84.1

从管理基础、管理措施、管理保障、管理成效、负面影响这5项评估内容来看，管理基础得分相对较高，120处国家级自然保护区的管理基础平均分为13.84分，平均得分率为86.5%（满分16分）。其中，土地权属指标的评分结果表明，超过半数以上的自然保护区（54.5%）存在土地权属不清或确权登记比例较低的情况；功能区划指标的评分结果表明，43.9%的自然保护区存在功能区划与批复文件不一致或勘界立标工作不到位的情况。一些研究[19, 20]也显示了部分自然保护区的土地权属和功能区划还存在争议，有待进一步确定。土地权属的法律地位不明确会使自然保护区在处理土地权属问题上没有法律依据，进而可能导致与周边社区的矛盾[21]。因此，土地权属和功能区划问题应引起相关部门的高度重视。

管理措施的平均分为28.10分，平均得分率为82.6%（满分34分）。其中，资源调查指标的得分较高，满分的比例是57.7%；动态监测指标的得分相对较低，成为自然保护区管理措施中的薄弱环节。

自然保护区管理保障水平相对较低，平均分为23.79分，平均得分率为79.3%（满分30分）。其中，管理工作制度指标的得分较高，满分的比例是56.1%，此次评估的自然保护区均制定了管理规章制度；专业技术能力和机构设置与人员配置指标的得分较低，成为自然保护区管理保障中的薄弱环节。

管理成效的平均分为17.27分，平均得分率为86.4%（满分20分）。其中，保护对象变化指标的得分较高。

负面影响中开发建设活动影响指标的平均分为-1.59分，平均得分率为84.1%（满分0分），其中3个自然保护区的得分为-10分。

从全部指标的评分情况来看，保护对象变化和资源调查2项指标的评分相对较高。保护对象变化指标的平均分为13.93分，平均得分率为87.0%（满分16分），除2个自然保护区的保护对象信息和监测数据不足外，其他所有自然保护区此项得分均≥10分，表明长江经济带绝大部分自然保护区取得了较好的保护成效，与全国尺度的类似研究结果一致[22]。资源调查指标的平均分为3.52分，平均得分率为88.0%（满分4分）。57.7%的自然保护区每10年至少开展一次综合科学考察和主要保护对象专项调查，并编制了综合考察报告；有的自然保护区自成立以来，分别完成了3次综合科学考察和多次专项调查，为自然保护区的有效保护和科学决策提供了重要支撑。由此可以看出，与Source[23]在不丹、中国、俄罗斯和南非4个国家研究的结论相同，定期编制资源调查清单是提高自然保护区管理有效性的重要手段。

开发建设活动影响、专业技术能力、机构设置与人员配置、动态监测4项指标的评分相对较低。根据开发建设活动影响指标的评分情况，84.1%的自然保护区均存在不同程度的负面影响，特别是个别自然保护区的开发建设活动对核心区、缓冲区的生态环境和主要保护对象产生明显不利影响的现象依然存在。专业技术能力、机构设置与人员配置、动态监测3项指标的平均得分率最低，分别为74.5%、76.6%、76.8%，表明自然保护区的机构、专业人才队伍建设和监测体系是制约当前我国自然保护区管理有效性的主要指标，这也与全球各国自然保护区的评估结果一致[24]。此外，管理机构设置不健全以及人员配备不足（特别是专业技术人员不足）也限制了对保护对象动态监测工作的开展，这些都对提升自然保护区的管护水平产生了不利影响[25, 26]。综上所述，为提高自然保护区的管理质量，需要限制旅游等开发建设活动，完善管理机构设置，加强专业技术人员配备，建立围绕主要保护对象动态变化的科研监测体系。

基于上述分析结果可以看出，开发建设活动影响、专业技术能力、机构设置与人员配置、动态监测4项指标得分普遍偏低，是制约自然保护区管理水平的重点指标。基于这4项指标的评分结果，进一步分析各指标不同评分等级的自然保护区数量特征（表2）。由表2可知，在4项指标得分低的自然保护区中，均有一定比例的自然保护区评分等级为“差”，这些自然保护区应引起相关部门的重点关注，并针对上述短板采取相应措施促进自然保护区管理状况的提升。

表2　基于重点指标的自然保护区数量特征

单位：处

评分等级	优	良	中	差
开发建设活动影响	75	40	2	6
专业技术能力	36	57	0	30
机构设置与人员配置	30	57	25	11
动态监测	32	69	0	22

注：对长江上游珍稀特有鱼类国家级自然保护区四川段、云南段、贵州段、重庆段分别进行评分。

● 自然保护区管理状况的影响因素分析

Spearman相关分析法表明，与自然保护区管理评估总得分最为相关（$R>0.6$）的指标分别是巡护执法、日常管护、专业技术能力、管护设施4项，且均呈显著正相关（相关系数分别为0.656、0.646、0.645、0.634，$P<0.01$），这也在一定程度上体现了长江经济带国家级自然保护区管理工作中的优先任务。在今后的自然保护

区建设管理中应创新执法检查方式，加强巡护执法能力，制定规范的日常管护制度并有效执行，积极引进与自然保护区管理业务相适应的高学历人才，提高专业技术能力，完善管护站点、警示标识等管护设施的设立与维护，设立独立的管理机构并增加专职人员的配备[27, 28]。

基于Spearman相关分析法得到各项指标之间的相关性结果见表3。日常管护指标与巡护执法、管护设施这2项指标的评分结果均呈显著正相关（相关系数分别为0.608、0.516，$P<0.01$），说明加强巡护执法和建设管护设施可以提高自然保护区的日常管护能力，日常管护、巡护执法和管护设施是提高自然保护区管理质量的重要措施和保障[29]。专业技术能力指标与机构设置与人员配置、科研能力这2项指标的评分结果也呈显著正相关（相关系数分别为0.577、0.571，$P<0.01$），说明机构设置与人员配置结构合理的自然保护区，员工的专业技术能力会显著提高，科研能力也会随之加强，这与前文的结论是一致的。保护对象变化指标与动态监测、资源调查等15项指标的评分结果均显著相关，说明保护对象变化是自然保护区管理状况的综合体现。因此，加强对主要保护动物种群动态变化及其栖息地生态环境质量的监测对自然保护区的建设与管理十分重要[30]。

表3　长江经济带120处国家级

	X_1	X_2	X_3	X_4	X_5	X_6	X_7	X_8	X_9	X_{10}
X_1	1.000	0.292**	0.115	0.061	0.158	0.075	-0.021	-0.021	0.066	0.008
X_2		1.000	0.332**	-0.134	0.185*	-0.094	-0.029	-0.107	0.028	-0.061
X_3			1.000	-0.049	-0.028	-0.153	0.116	0.092	0.013	0.009
X_4				1.000	0.002	0.324**	0.312**	0.099	0.165	0.351**
X_5					1.000	0.198*	0.382**	0.269**	0.314**	0.110
X_6						1.000	0.186*	0.198*	0.324**	0.290**
X_7							1.000	0.345**	0.337*	0.414**
X_8								1.000	0.608**	0.342**
X_9									1.000	0.202*
X_{10}										1.000
X_{11}										
X_{12}										
X_{13}										
X_{14}										
X_{15}										
X_{16}										
X_{17}										
X_{18}										
X_{19}										
X_{20}										

注：*在$P<0.05$下显著相关（双尾检验）；**在$P<0.01$下显著相关（双尾检验）。

自然保护区20项评估指标间的相关系数

X_{11}	X_{12}	X_{13}	X_{14}	X_{15}	X_{16}	X_{17}	X_{18}	X_{19}	X_{20}	Y
0.007	0.123	0.018	0.166	-0.145	0.056	0.034	-0.021	0.316**	0.338**	0.281**
0.049	0.026	0.010	-0.018	-0.124	-0.023	0.082	-0.027	0.087	0.109	0.164
0.038	0.060	-0.016	0.124	0.065	-0.152	0.141	0.083	0.000	0.208*	0.207*
0.460**	0.331**	0.247**	0.359**	0.161	0.246**	0.346**	0.355**	0.238**	0.054	0.472**
0.058	0.125	0.268**	0.260**	0.062	0.258**	0.202*	0.242**	0.194*	-0.008	0.406**
0.290**	-0.002	0.100	0.204**	0.122	0.165	0.161	0.339**	0.220*	0.110	0.355**
0.290**	0.293**	0.393**	0.464**	0.204*	0.257**	0.360**	0.438**	0.089	-0.100	0.561**
0.414**	0.280**	0.476**	0.344**	0.323**	0.154	0.516**	0.418**	0.325**	0.049	0.646**
0.426**	0.291**	0.329**	0.300**	0.367**	0.210*	0.393**	0.331**	0.444**	0.244**	0.656**
0.364**	0.334**	0.462**	0.571**	0.096	0.256**	0.278**	0.365**	0.242**	-0.010	0.516**
1.000	0.197*	0.301**	0.279**	0.175	0.235**	0.435**	0.333**	0.393**	0.026	0.539**
	1.000	0.439**	0.492**	0.352**	0.335**	0.228*	0.220*	0.214*	0.048	0.489**
		1.000	0.577**	0.223**	0.423**	0.447**	0.235**	0.226*	0.003	0.594**
			1.000	0.136	0.277**	0.315**	0.336**	0.243**	0.051	0.645**
				1.000	0.333**	0.271**	0.261**	0.187*	-0.016	0.385**
					1.000	0.350**	0.269**	0.279**	-0.077	0.417**
						1.000	0.258**	0.325**	0.069	0.634**
							1.000	0.233**	0.006	0.562**
								1.000	0.175	0.537**
									1.000	0.298**

结论与建议

结论

长江经济带国家级自然保护区的管理状况总体较好，平均得分为81.41分。从其所属省份来看，经济较发达地区的自然保护区管理状况相对较好；从建立时间来看，评估总得分与自然保护区的建立时长呈正相关；从规模来看，评估总得分与自然保护区的面积大小呈负相关；从保护区类型来看，野生植物类型自然保护区的管理状况要优于野生动物类型自然保护区。

从管理基础、管理措施、管理保障、管理成效、负面影响5项评估内容来看，自然保护区管理基础得分相对较高，管理保障得分相对较低。从全部指标的评分情况来看，保护对象变化和资源调查2项指标的得分相对较高；开发建设活动影响、专业技术能力、机构设置与人员配置、动态监测4项指标的得分相对较低。

与自然保护区管理评估总得分最为相关的指标分别是巡护执法、日常管护、专业技术能力、管护设施4项，且均呈显著正相关，在一定程度上体现了长江经济带国家级自然保护区管理工作中的优先任务。此外，各评估指标之间也存在一定的相关性，日常管护指标与巡护执法、管护设施这2项指标的评分结果均呈显著正相关；专业技术能力指标与机构设置与人员配置、科研能力这2项指标的评分结果也呈显著正相关；保护对象变化指标与动态监测、资源调查等15项指标均显著相关。

建议

（1）通过对长江经济带国家级自然保护区的管理状况进行系统评估，发现该区域科研监测工作薄弱，特别是围绕主要保护对象的系统监测不足，缺乏系统性的监测数据。因此，建议针对长江经济带每五至十年开展一次系统性的评估工作，并将管理有效性评估与主要保护对象的保护成效评估相结合，围绕主要保护对象的现状、变化趋势等目标需求建立全面规范的科研监测体系，推进长江经济带乃至全国自然保护区的精细化、网格化管理。

（2）探索建立区域自然保护区联盟网络，以形成保护合力。党的十八大提出了建立国家公园体制，其目的之一就是要改变交叉重叠、多头管理、碎片化的自然资源管理和生态保护格局。此次评估发现，长江经济带部分自然保护区存在跨行政区域的情况，各属地的管护能力、管理理念等方面差别较大；还有部分生态系统因跨越不同的行政区域被划建为两个或多个自然保护区，不利于对生态系统的整体保护。建议遵循一定区域范围内各自然保护区在结构和功能上的整体性，除了考虑对每个自然保护区自身的保护，还应考虑对一定区域内自然保护区的协调保护，并建立相应的协调管理机制。例如，此次评估的长江上游珍稀特有鱼类国家级自然保护区跨越四川、云南、贵州、重庆三省一市，建议建立跨省市的自然保护区管理联动机制，以更好地维护长江上游的鱼类种群多样性和自然生态环境。金寨天马、古井园和鹞落坪国家级自然保护区均位于大别山腹地，建议以上三个自然保护区积极开展与大别山地区其他自然保护区的联动，尝试建立大别山地区自然保护区联盟网络，增加与周边自然保护区的合作与交流，开展联合执法和科研监测等活动，以促进该区域自然保护区保护能力的整体提高。

（3）针对长江经济带部分自然保护区在机构设置与人员配置、专业技术能力、动态监测、开发建设活动影响等方面的不足，建议：①尽快落实部分自然保护区在管理机构的设置、人员编制、经费保障等方面问题的解决，如四川察青松多白唇鹿、长沙贡玛等国家级自然保护区无独立的管理机构，已成为该自然保护区有效管理的严重制约因素；②制定专业人才引进和培养制度，不断提升自身的管理水平和科研监测能力，如四川卧龙、王朗和浙江临安清凉峰等国家级自然保护区在专业技术人才引进和培养方面工作积极，形成了结构合理的科研队伍并产出了一系列科研成果，可供其他自然保护区借鉴；③加强社区共管，化解资源利用冲突，如贵州梵净山、赤水桫椤等国家级自然保护区已通过吸纳当地社区参与和协助开展了有关生物多样性保护、巡护等管理工作，取得了较好的成效。此外，长江经济带还存在一定数量的湿地类型自然保护区，其管理难度较大，建议通过与周边社区签订退渔还湿、鸟类保护协议书等形式形成共管共建的良好局面。

（本文原载于《环境科学研究》2020年第33卷第3期，此处略有修改。）

参考文献

[1] XU XIBAO，YANG GUISHAN，TAN YAN. Identifying ecological red lines in China's Yangtze River Economic Belt：a regional approach[J].Ecological Indicators，2019，96：635-646.

[2] ZHOU BANGYANG，LI MENGYUAN.Green development and regional rule of law cooperation：study on the path of legalization of green ecological corridor construction in Yangtze River Economic Belt[R].Manila，PHILIPPINES：Singapore Management & Sports Sci Inst，2017：127-131.

[3] CHEN YUSHUN，ZHANG SHUANGHU，HUANG DESHENG，et al.The development of China's Yangtze River Economic Belt：how to make it in a green way？ [J].Science Bulletin，2017，62（9）：648-651.

[4] 环境保护部．中国生物多样性保护战略与行动计划 [M]. 北京：中国环境科学出版社，2011：5-14.

[5] ZHAO HAIWEI，WU RUIDONG，LONG YONGCHENG，et al.Individual-level performance of nature reserves in forest protection and the effects of management level and establishment age[J].Biological Conservation，2019，233：23-30.

[6] LUO QIAOLING，LUO LONGYAN，ZHOU QINGFENG，et al.Does China's Yangtze River Economic Belt policy impact on local ecosystem services？ [J]. Science of the Total Environment，2019，676：231-241.

[7] XU XIBAO，YANG GUISHAN，TAN YAN，et al.Ecosystem services trade-offs and determinants in China's Yangtze River Economic Belt from 2000 to 2015[J]. Science of the Total Environment，2018，634：1601-1614.

[8] WANG ZHENBO，FANG CHUNLIN，CHENG SHAOWEN，et al.Evolution of coordination degree of eco-economic system and early-warning in the Yangtze River Delta[J].Journal of Geographical Sciences，2013，23（1）：147-162.

[9] TIAN YUAN，SUN CHUANWANG.Comprehensive carrying capacity，economic growth and the sustainable development of urban areas：A case study of the Yangtze River Economic Belt[J].Journal of Cleaner Production，2018，195：

486-496.
[10] 林孝松，张莉，董雨琪，等．长江经济带自然保护区分布特征研究 [J]. 资源开发与市场，2018，34（3）：330-334.
[11] 郑海洋，蒋明康，卓明，等．浙江省国家级自然保护区有效管理现状分析 [J]. 环境科学与管理，2010，34（1）：6-9.
[12] 谢志红，徐永新．湖南省自然保护区管理有效性评价 [J]. 湖南林业科技，2003，30（2）：7-10.
[13] 夏欣，王智，徐网谷，等．自然保护区管理基础定量评价模型建立与应用 [J]. 生态与农村环境学报，2013，29（1）：117-121.
[14] HOCKINGS M，STOLTON S，DUDLEY N.Management effectiveness：assessing management of protected areas？ [J].Journal of Environmental Policy & Planning，2004，6（2）：157-174.
[15] 权佳．中国自然保护区管理有效性评价与对策 [D]. 北京：中国科学院生态环境研究中心，2010：1-129.
[16] 舒勇，宗嘎，吴后建．西藏自治区国家级自然保护区的有效管理分析 [J]. 中南林业科技大学学报，2013，33（2）：91-96.
[17] 李俊生，罗建武，王伟，等．中国自然保护区绿皮书——国家级自然保护区发展报告2014[M]. 北京：中国环境出版社，2015.
[18] ANTHONY B P，SHESTACKOVA E.Do global indicators of protected area management effectiveness make sense？ A case study from siberia[J]. Environmental Management，2015，56（1）：176-192.
[19] 刘义，袁秀，李景文，等．北京市自然保护区管理有效性评估及优先性确定 [J]. 林业资源管理，2008（4）：58-63.
[20] DE G N，ESPINOSA R G，FLORES R J，et al.Threats，conservation actions，and research within 78 Mexican non-coastal protected wetlands[J].Journal for Nature Conservation，2015，23：73-79.
[21] YEH E T.The politics of conservation in contemporary rural China[J].Journal of Peasant Studies，2013，40（6）：1165-1188.

[22] 权佳，欧阳志云，徐卫华，等．自然保护区管理有效性评价方法的比较与应用[J]. 生物多样性，2010，18（1）：90-99.
[23] SOURCE J E，BY P.Rapid assessment of protected area management effectiveness in four countries[J].Bioscience，2003，53（9）：833-841.
[24] LEVERINGTON F，COSTA K L，PAVESE H，et al.A global analysis of protected area management effectiveness[J].Environmental Management，2010，46（5）：685-698.
[25] RAO M，JOHNSON A，SPENCE K，et al.Building capacity for protected area management in Lao PDR[J].Environmental Management，2014，53（4）：715-727.
[26] KINGSFORD R T，BIGGS H C，POLLARD S R.Strategic adaptive management in freshwater protected areas and their rivers[J].Biological Conservation，2011，144（4）：1194-1203.
[27] COOK C N，CARTER R W，HOCKINGS M.Measuring the accuracy of management effectiveness evaluations of protected areas[J].Journal of Environmental Management，2014，139：164-171.
[28] MOHSENI F，SABZGHABAEI G，DASHTI S.Management effectiveness and conservation prioritizing the protected areas using RAPPAM methodology（case study：Khuzestan Province）[J].Environmental Monitoring and Assessment，2019，191：138.
[29] WATSON J E，DUDLEY N，SEGAN D B，et al.The performance and potential of protected areas[J].Nature，2014，515（7525）：67-73.
[30] TULLOCH A，POSSINGHAM H P，WILSON K.Wise selection of an indicator for monitoring the success of management actions[J].Biological Conservation，2011，144（1）：141-154.

四川卧龙国家级自然保护区（四川卧龙国家级自然保护区管理局 / 供图）

案例1

四川卧龙国家级自然保护区：

迈向“大熊猫+雪豹”的双旗舰种保护

刘方正　陈念念　王　伟

保护区景色（四川卧龙国家级自然保护区管理局/供图）

提起四川卧龙国家级自然保护区（以下简称卧龙保护区），我们首先想到的是大熊猫（*Ailuropoda melanoleuca*）。作为全球生物多样性保护的典范，大熊猫这一明星物种的许多重要时刻都同卧龙保护区息息相关。然而，在卧龙保护区所在的邛崃山脉之中，一种令人着迷的神秘物种正悄悄地成为卧龙保护区的又一位新主人，它就是被誉为“雪山之王”的雪豹（*Panthera uncia*）。如今的卧龙保护区正向着“大熊猫＋雪豹”的双旗舰种保护迈进。

卧龙保护区位于四川省阿坝藏族羌族自治州，总面积20万hm^2，主要保护对象是大熊猫及其栖息地。该保护区始建于1963年，1975年经国务院批准晋升为国家级自然保护区，是我国建立最早、栖息地面积最大、以保护大熊猫及高山森林生态系统为主的综合性自然保护区。卧龙保护区是政事功能合一的自然保护区，下辖卧龙、耿达2个民族镇，6个行政村，拥有农业人口近5 000人，藏族、羌族等少数民族人口占总人口的85%以上。其管理机构为四川卧龙国家级自然保护区管理局（以下简称卧龙保护区管理局）和四川省汶川县卧龙特别行政区（以下简称卧龙特别行政区）：卧龙保护区管理局为国家林业和草原局（原国家林业局）直属单位，卧龙特别行政区隶属四川省人民政府，实行“两块牌子，一套班子，合署办公”的特殊管理体制，既管自然生态资源保护，又管农村社区经济发展。卧龙保护区管理局现有编制121个，在编在岗人员104人；卧龙特别行政区现有编制206个，在编在岗人员187人。此外，另有临时聘用人员125人、生态护林员150人。

蜕皮和附着物表明树木生境状况的自然性（刘方正 / 摄）

大熊猫是卧龙保护区的标志

从首个大熊猫野外生态观测站“五一棚”起步，到全面系统开展大熊猫的野外生态行为、人工圈养与繁殖、野化培训与放归等研究活动，卧龙保护区开创的大熊猫学科规范成为野生动物保护行业的标杆，创造的大熊猫保护体系堪称生物多样性保护典范。

中国大熊猫保护研究中心（刘方正／摄）

卧龙保护区内建有大熊猫栖息地永久性森林动态监测样地5个，固定监测样线91条。2015年发布的第四次全国大熊猫调查数据显示，卧龙保护区有野生大熊猫104只。2016年，通过更先进、更精准的DNA个体识别技术监测发现，卧龙保护区内有大熊猫149只左右，其中，雌性为63只左右，雄性为86只左右。

2008年的汶川地震对卧龙大熊猫栖息地造成了较大影响，山体垮塌、滑坡以及泥石流等次生灾害使栖息地破碎化加剧。通过10年来的保护工作及震后栖息地自然恢复，卧龙保护区内大熊猫栖息地的质量正在逐步提升，大熊猫种群数量也不断壮大和扩散，野外巡护、红外相机等多次遇到或拍摄到熊猫个体或群体。

红外相机拍摄到的野生大熊猫
（四川卧龙国家级自然保护区管理局／供图）

近年来，卧龙保护区内的雪豹种群逐渐走入公众视野

雪豹是大型猫科食肉动物，由于其常在雪线附近和雪地间活动，故名“雪豹”。雪豹处于山地生态系统食物链的顶端，作为顶级捕食者，其生存状况反映了生态系统的完整性，被人们称为“高海拔生态系统健康与否的气压计”。我国野生雪豹的数量预估为2 000～3 000只。北京大学、卧龙保护区管理局等19家保护组织、科研单位及保护机构联合发布的《中国雪豹调查与保护现状2018》指出，气候变化、社区保护动力不足等是我国雪豹生存面临的主要威胁。

红外相机拍摄到的雪豹一家（四川卧龙国家级自然保护区管理局 / 供图）

雪山之王——雪豹（四川卧龙国家级自然保护区管理局／供图）

雪豹是夜行性动物，经常活动于山崖之上，且行动敏捷机警，人们难以直接观测。为做好雪豹的监测和研究，卧龙保护区在海拔3 500 m以上约438 km^2的范围内布设了200多台红外相机进行网格化监测，覆盖了8个雪豹栖息地及潜在栖息地，共获取影像数据1 072份，视频约2 980秒，雪豹有效探测次数为286次。监测数据经初步鉴定和分析显示，卧龙保护区内132 km^2的范围内雪豹至少为26只[1]。按照中国境内雪豹分布的平均密度（每100 km^2 1～3只）计算，卧龙保护区内的雪豹种群密度可能远高于全国平均值[2]。

大熊猫、雪豹已成为卧龙保护区生物多样性保护的旗舰种。50多年来，卧龙保护区从旗舰种保护着手，营造的伞护效应使整个生态系统的结构稳定，功能得到有效发挥。尤其是在栖息地的保护和恢复方面，雪豹、狼（*Canis lupus*）、豺（*Cuon alpinus*）等顶级捕食者的种类和个体数量在全国同类型自然保护区中处于较高水平。食物链的完整保障了生态系统功能的稳定和有效发挥。2008年汶川地震后，卧龙保护区内植被恢复良好，植被覆盖率超过98%，得益于生态系统的调节服务，使保护区内空气清新、气候宜人、水质良好。

专栏

旗舰种对物种保护的影响力

旗舰种（flagship species）指某个物种对社会生态保护力量具有特殊号召力和吸引力，可促进社会对物种保护的关注，是地区生态维护的代表物种。

大熊猫可爱的形象深入人心，受到世界人民的喜爱，成为世界自然基金会（WWF）、中国野生动物保护协会等国内外物种保护领域的象征。雪豹是亚洲山地动物的象征，它们终年栖息于海拔2 500～6 000 m的雪线附近，是高原生态系统的顶级捕食者，被誉为“雪山之王”“地球上最漂亮的猫科动物”。

通过树立大熊猫、雪豹等旗舰种形象，引起社会公众、科研学者和决策者的迅速关注，起到生物多样性保护和利用的主流化作用，这一策略是较为成功的。当全社会尤其是当地居民关注到某一物种的生存状况时，建立保护区并采取管护行动便会得到公众的认可和配合。卧龙保护区内人口数量众多、人类活动频繁，但谈起对大熊猫和雪豹等物种的保护时，社区居民充满了自豪感和责任感。旗舰种的生存状况似乎已经和当地社区的未来发生了联系，正所谓“同呼吸、共命运”。

保护区生态环境（四川卧龙国家级自然保护区管理局 / 供图）

2018年11月，评估组来到卧龙保护区，查阅了相关档案资料，进行了实地考察，与保护区管理机构及社区代表进行了座谈。评估组认为，在国家林业和草原局、四川省政府和相关部门的高度重视下，卧龙保护区管理工作成效显著：①管理体制特色鲜明，政事功能合一的体制有利于提高管护效率；②科研力量雄厚、监测手段先进，在以大熊猫、雪豹双旗舰种为代表的珍稀濒危物种研究和保护方面起到了示范和引领作用，保护成效显著；③社区和宣教工作富有特色，宣教内容丰富，并且建立了社区和志愿者的参与机制，提高了公众的保护意识，扩大了社会影响。

保护区调查监测（四川卧龙国家级自然保护区管理局 / 供图）

保护区调查监测（四川卧龙国家级自然保护区管理局 / 供图）

附：

大熊猫保护大事记
（摘要）[3]

1950年 中央人民政府政务院规定了古迹、珍贵文物、图书及稀有生物保护办法。

1963年 四川卧龙、白河、王朗、喇叭河4个以大熊猫为主要保护对象的自然保护区建立。

1974—1977年 开展第一次全国大熊猫调查。调查结果显示，全国野生大熊猫种群数量为2 459只。

1981年 我国政府和世界自然基金会（WWF）签署《关于保护大熊猫研究中心的议定书和行动计划谅解备忘录》。

1983年 大熊猫栖息地的竹子大面积开花、枯死，中国政府成立“保护抢救大熊猫领导小组”。

1985—1988年 开展第二次全国大熊猫调查。调查结果显示，全国野生大熊猫种群数量为1 114只。

1988年 《中华人民共和国野生动物保护法》颁布实施，大熊猫被列为国家一级重点保护野生动物。

1989年 我国林业部和WWF联合编制《中国大熊猫及其栖息地保护管理计划》。

1992年 启动“中国保护大熊猫及其栖息地工程”，简称“保护大熊猫工程”。

1999年 中国大熊猫栖息地全面实施天然林禁伐。

1999—2003年 开展第三次全国大熊猫调查。调查结果显示，全国野生大熊猫种群数量为1 596只。

2001年 国家林业局颁布《野外大熊猫救护工作规定》。

2004年 全国大熊猫保护管理工作会议召开，确定了以就地保护为主、易地保护为辅的大熊猫保护策略。

2005年 大熊猫被选为2008年北京奥运会吉祥物之一。

2006年 中国大熊猫保护研究中心将经过野化培训的人工圈养大熊猫“祥祥”放归野外，这是人工繁育大熊猫首次被放归自然。

2006年 联合国教科文组织第30届世界自然遗产大会决定，将四川大熊猫栖息地作为世界自然遗产列入联合国教科文组织世界自然遗产名录。

2008年 汶川特大地震中，四川大熊猫栖息地受损5.739 1万hm^2，中国大熊猫保护研究中心受损严重，幸存圈养大熊猫转移至雅安碧峰峡基地。

2011—2014年 开展第四次全国大熊猫调查。调查结果显示，全国野生大熊猫种群数量为1 864只。

2012年 全球首只由母兽带仔培育的人工繁育大熊猫“淘淘”在四川栗子坪国家级自然保护区放归自然。

2013年 芦山地震共造成邛崃山系大熊猫栖息地1.66万hm^2植被损毁。

2013年 人工繁育大熊猫“张想”被放入四川栗子坪国家级自然保护区适应场，翌月“张想”离开适应场进入自然环境。

2014年 人工繁育大熊猫“雪雪”在四川栗子坪国家级自然保护区放归自然。

2014年 大熊猫种群重建正式启动，完成华蓥山大熊猫重新引入可行性专家论证及放归适应基地建设，并对引入大熊猫工作开展前期培训。

2015年 人工繁育大熊猫“华姣”在四川栗子坪国家级自然保护区放归自然。

2015年 中国大熊猫保护研究中心在四川卧龙正式挂牌成立。

2016年9月4日 世界自然保护联盟（IUCN）在美国夏威夷宣布，中国“国宝”大熊猫将不再被列为濒危物种，其受威胁等级从“濒危”降为“易危”。中国国家林业局回应称，根据实际工作情况和保护形势来看，大熊猫仍是濒危物种，将大熊猫保护等级降低还为时过早。

2016年10月20日 人工繁育大熊猫“华妍”“张梦”在四川栗子坪国家级自然保护区放归自然，这是全球首次同时放归两只大熊猫。

2016年12月5日 中共中央总书记、国家主席、中央军委主席、中央全面深化改革领导小组组长习近平主持召开中央全面深化改革领导小组第三十次会议，审议通过了《大熊猫国家公园体制试点方案》等方案。

2017年3月 圈养大熊猫“草草”与野生大熊猫实现自然交配，标志着全球范围内大熊猫首次野外引种试验取得初步成效，同时也是我国大熊猫繁育科研工作的一次重大突破。

参 考 文 献

[1] 刘沿江，李雪阳，梁旭昶，等．“在哪里”和“有多少”？ 中国雪豹调查与空缺[J]. 生物多样性，2019，27（9）：919-931.

[2] 新华社新媒体．罕见！ 四川卧龙拍到四只雪豹同框[EB/OL]. [2019-07-19].https：//baijiahao.baidu.com/s?id=1639447387469355234&wfr=spider&for=pc.

[3] 中国大熊猫保护研究中心发布《大熊猫保护大事记》[EB/OL]. [2017-05-08]. http://www.chinawolong.gov.cn/scwl/c106513/201705/c77aa95a6b3140aaaaa117036cb9e673.shtml.

湖北五峰后河国家级自然保护区（湖北五峰后河国家级自然保护区管理局／供图）

案例2

湖北五峰后河国家级自然保护区：

日常管护与信息化手段的有机结合

冯春婷　罗建武　王　伟

湖北五峰后河国家级自然保护区（以下简称后河保护区）位于湖北省宜昌市五峰土家族自治县境内，属武陵山东段余脉山地，北望长阳崩尖子国家级自然保护区、五峰兰科植物省级保护区，东邻百溪河国家湿地公园、五峰国家地质公园、柴埠溪国家森林公园，南靠湖南壶瓶山国家级自然保护区，为我国地势的第二阶梯向第三阶梯的过渡地带，是我国三大物种特有中心之一的川东—鄂西特有中心和第三纪古植物孑遗中心的重要组成部分之一，生物多样性丰富，尤以第三纪孑遗珍稀濒危植物集中分布群落为典型特征。此外，该保护区还保存了全国面积最大的水丝梨（*Sycopsis sinensis*）天然群落。后河保护区因“后河”而得名。后河长16 km，属长江支流澧水水系，从西到东贯穿林区全境。

后河保护区一角（王伟 / 摄）

后河保护区建立于1985年，1988年晋升为省级自然保护区，2000年晋升为国家级自然保护区，2017年加入中国生物圈保护区网络（CBRN）、国际自然保护地联盟（IAPA）。该保护区属森林生态系统类型自然保护区，主要保护对象为森林生态系统及其生物多样性、珍稀濒危野生动物植物资源及其栖息地等，有珙桐（*Davidia involucrata*）、豹（*Panthera pardus*）、黑麂（*Muntiacus crinifrons*）等濒危动植物，总面积10 340 hm^2，其中，核心区3 843 hm^2、缓冲区1 975 hm^2、实验区4 522 hm^2。湖北五峰后河国家级自然保护区管理局成立于2001年，属全额财政拨款事业单位。

2018年4月，评估组来到后河保护区，进入独岭俯瞰其核心区，连绵起伏的山峰好似披上了墨绿色的外衣，这里没有道路，也没有人烟，但却是动物们的乐园。静美的原始森林、各种各样的植物和动物，让自然呈现出生命的伟大力量。站在此处可以眺望对面的湖南壶瓶山国家级自然保护区，与后河保护区连成一片绿色的海洋，共同保护着这片区域的生物多样性。五峰国家地质公园位于后河保护区的实验区，潺潺的流水，茂密的树林，各种奇花异石勾勒出一幅美丽的画卷。流水、岩石、生物在长时间的相互作用下，形成了各式各样的奇特景观，如壶穴、虫迹、深潭瀑布、障谷等。百溪河作为湖北省境内一条未经开发的河流，是长江中上游水系的重要支流之一，也是构建后河和壶瓶山两个保护区完整生态系统的生境廊道，更是全国少有的山地峡谷型永久性河流湿地和以原山、原水、原村落为特色的土家族聚居地。百溪河是两栖动物的立命之所，是鱼类的乐园，是蝴蝶的花花世界，是鸟类的天堂，也是自然的净化器。在保护生物多样性的同时，百溪河还带动了社区居民经济收入的增长。当地社区居民依托湿地生态资源，通过中蜂养殖、中药材种植、干鲜果品等增加了收入。

保护区山色（湖北五峰后河国家级自然保护区管理局 / 供图）

虫迹（冯春婷/摄）

评估组实地考察了后河保护区相关管护与办公等基础设施及资源保护情况，查阅了大量文件和资料，并与宜昌市环保局、林业局、当地政府和相关业务局室负责人员，以及保护区工作人员和社区代表进行了座谈。评估组认为，经过后河保护区管理人员的共同努力，保护区的建设与管理工作取得了显著的成绩。

（1）机构设置合理，专业技术人才及管理人员配置满足后河保护区管理工作需要，有稳定的经费来源且呈增加趋势。重视从基层培养、选拔和引进人才，并注重采用一系列措施提高队伍的综合素质。

（2）科研基础设施不断完善，科研能力稳步增强，科研成果较为丰富。后河保护区以前期建立的后河科研所为平台，积极主动与大专院校、科研机构联合开展了大量与保护对象、资源管理密切相关的科学研究。2011年以来，有步骤地开展了标本室、种植园、监测站等科研设施的建设，以及珙桐资源、青钱柳（*Cyclocarya paliurus*）资源、野生植物监测等专项调查，与原国家林业局虎保护研究中心、中国林业科学研究院、中国科学院植物研究所、北京林业大学等科研院校合作，开展了猫科动物栖息地研究、小勾儿茶（*Berchemiella wilsonii*）调查等科研合作，取得了丰硕的科研成果。

（3）建立了较为完善的后河保护区监测体系和综合信息管理系统。2017年，完成了巡护系统、科考系统联网工作，实现了日常管护与保护信息的有机结合，促进了保护区日常管护工作与动态监测联动，提高了保护管理与科研工作的效率，使保护区管理成效显著。

气象站（湖北五峰后河国家级自然保护区管理局/供图）

大气负（氧）离子监测系统（王伟 / 摄）

（4）巡护执法机构健全，日常管理到位，开展了区域联防联治工作，巡护执法行动成效显著。后河保护区森林公安部门与湘鄂西边界森林公安部门达成联防协作协议，有效维护了保护区的生态安全。

（5）创新工作方式，开发了科考和资源调查手机终端软件。此外，后河保护区在社区共建工作中做了大量的探索和尝试，取得了较好的效果，促进了社区关系和谐。社区居民自觉保护生态环境的意识明显提高，为确保生态资源的安全营造了良好的社区环境。后河保护区积极吸纳周边林农参与调查、巡护、监督等工作，并将表现突出的社区居民招录到保护区工作。积极引导居民参与生态旅游，开展了社区居民培训，带动了社区经济的发展。

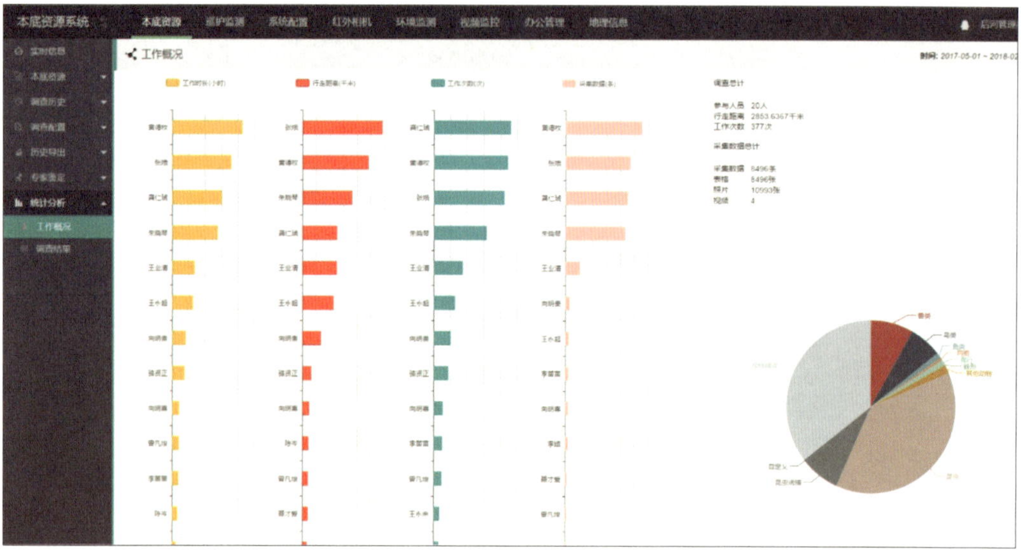

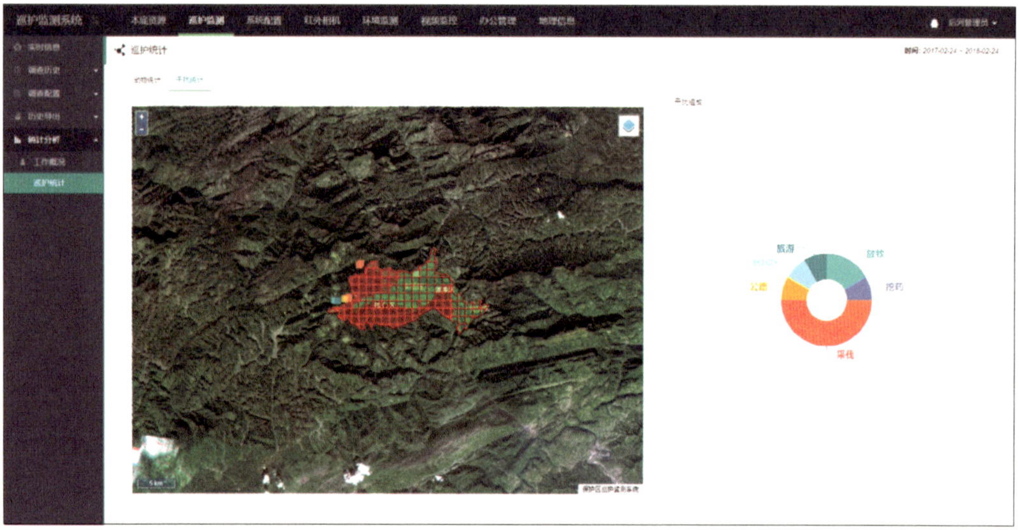

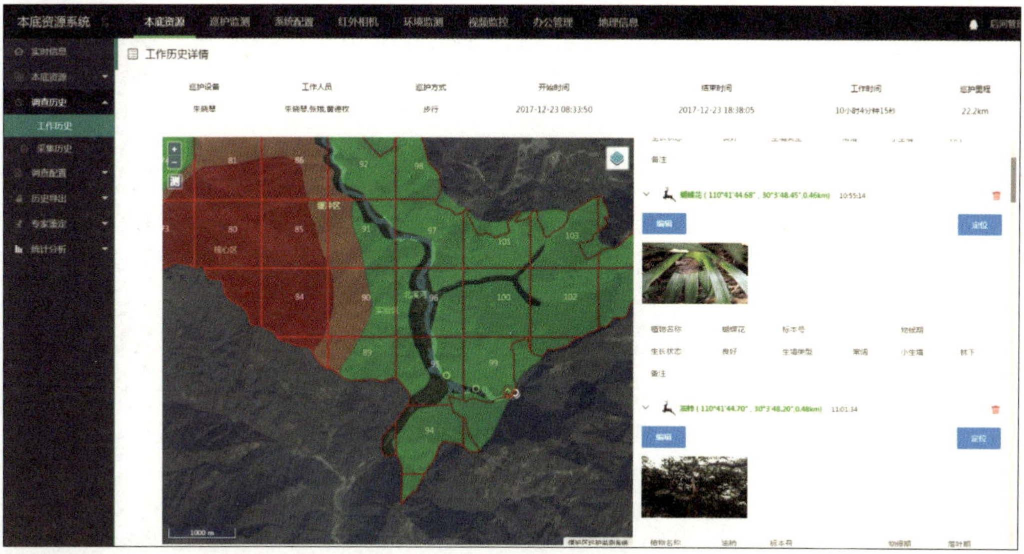

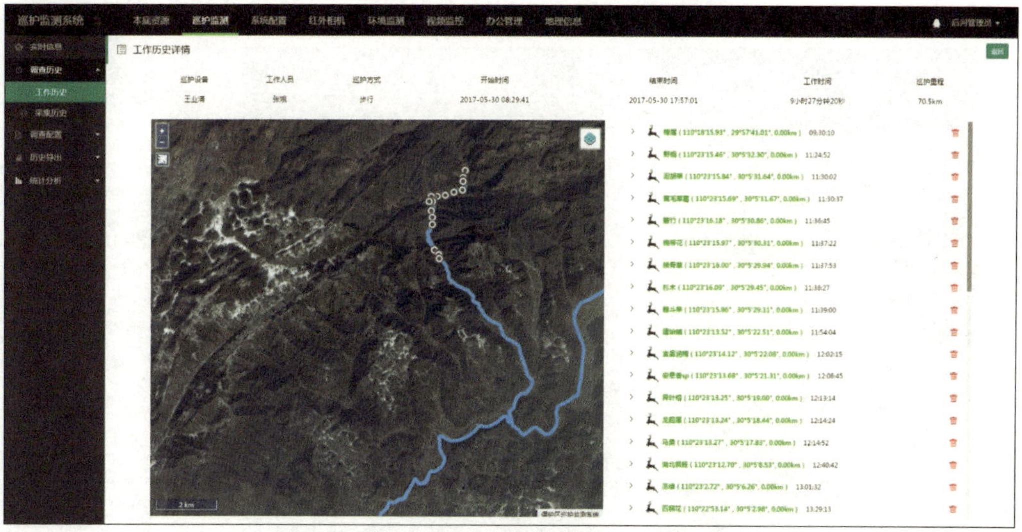

科研监测系统（湖北五峰后河国家级自然保护区管理局 / 供图）

后河保护区及其周边的保护地均处于北纬30°圈上，共同守护着武陵山地区的生物多样性及生态系统的完整性和原真性。以后河保护区为中心的武陵山保护地群，集森林、高峰、峡谷、喀斯特地貌、溪流、瀑布等于一体，得天独厚的自然条件孕育了多种国家重点保护动植物，如林麝（*Moschus berezovskii*）、豹、金雕（*Aquila chrysaetos*）等动物，珙桐、红豆杉（*Taxus wallichiana* var. *chinensis*）等植物。后河保护区通过向农户发放生态公益林补偿、吸纳社区参与保护管理工作等措施解决了社区居民的贫困问题。当地土家族居民依山傍河，与深山密林、奇石溶洞、清溪深潭相伴而居，对维持当地良好的生态环境状况功不可没。

科普解说系统（王伟 / 摄）

斑斓（湖北五峰后河国家级自然保护区管理局 / 供图）

洪泽湖湿地一角（江苏泗洪洪泽湖湿地国家级自然保护区管理处 / 供图）

案例3

江苏泗洪洪泽湖湿地国家级自然保护区：退渔还湿工程成效初现

王　伟

江苏泗洪洪泽湖湿地国家级自然保护区（以下简称洪泽湖保护区）位于江苏省西北部、淮河中游，是我国东部稀有的保存完好的湿地生态系统。洪泽湖是我国第四大淡水湖，洪泽湖保护区则是洪泽湖湿地保存最完好和最具代表性的区域，生物种类繁多，自然资源丰富，在我国华东地区乃至整个生物地理分布区的淡水湖泊湿地生态系统中均具有典型代表性。

2001年，经江苏省人民政府批准设立江苏泗洪洪泽湖湿地省级自然保护区；2006年，国务院批复同意建立江苏泗洪洪泽湖湿地国家级自然保护区。洪泽湖保护区总面积为49 365 hm^2，近年来先后被命名为“江苏省环保宣教基地”、“江苏省土地科普基地”、“全国科普教育基地”和“全国环保科普基地”，2016年被评为“全国优秀科普教育基地”，2017年被评为“全国环境保护系统先进单位”。

洪泽湖保护区的管理机构为江苏泗洪洪泽湖湿地国家级自然保护区管理处。该管理处为公益性事业单位，人员编制15个，全部列入江苏省财政预算管理。洪泽湖保护区的主要保护对象为内陆淡水湿地生态系统、国家重点保护鸟类和其他野生动植物、鱼类产卵场及下草湾标准地层剖面等。

湿地博物馆
（王伟/摄）

2018年1月，评估组来到洪泽湖保护区，查阅了相关档案资料，结合遥感监测报告和实地考察，与保护区管理处工作人员、社区代表进行了座谈。评估组认为，洪泽湖保护区在江苏省政府和管理部门的高度重视与支持下，经过保护区管理人员的共同努力，管理工作成效显著。

（1）洪泽湖保护区着力解决了2008年第一轮评估提出的问题，落实了管理机构、人员编制和配套工作经费。目前，洪泽湖保护区在编在岗人员共13人，其中，高级工程师2人、助理工程师3人，本科学历8人、大专及以上学历5人，专业涉及环境科学、生态学、环境工程、环境监测等；另聘用 19 名工作人员持证上岗，参与洪泽湖保护区日常保护和管理工作。

（2）洪泽湖保护区建设了集气象与大气、水文、水质以及视频监控等自动监测于一体的全天候生态监控系统，充分利用数字移动技术形成了传统巡查与现代监控相结合的动态监管网络。

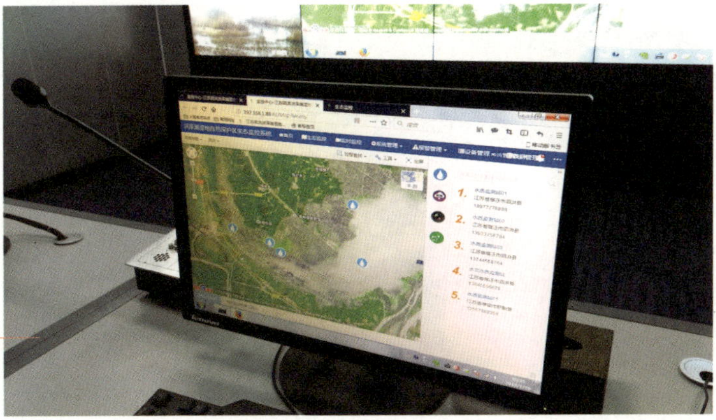

生态监控系统
（王伟 / 摄）

湿地博物馆（王伟/摄）

（3）洪泽湖保护区于2006年7月获得泗洪县人民政府颁发的“国有土地使用证”；与泗洪县人民政府联合建立了泗洪洪泽湖湿地保护工作联席会议制度，开创性地建立了“7+1”共建机制，每年与保护区周边7个乡镇签订退渔还湿、生态恢复共建责任状及鸟类保护协议书，形成了与周边社区共管共建的良好局面；进行了退渔还湿和围网拆除工作，有计划地拆除围网、大坝，退渔还湿、生态修复累计面积达110 516亩。

（4）洪泽湖保护区内的主要保护对象得到了有效保护。芦苇（*Phragmites communis*）、荷花（*Nelumbo nucifera*）、荻草（*Triarrhena sacchariflora*）、野菱（*Trapa incisa*）和芡实（*Euryale ferox*）等野生植物得到恢复，水质也得到了显著改善；鸟类种群较5年前增加了30%以上；鱼类资源由2004年的52种增至2013年的68种。2012年，洪泽湖保护区的鸟类资源有147种，经退渔还湿、生态修复，到2016年增至199种，其中新发现了包括白鹤（*Grus leucogeranus*）、青头潜鸭（*Aythya baeri*）、白额雁（*Anser albifrons*）、白琵鹭（*Platalea leucorodia*）、红脚隼（*Falco amurensis*）等在内的8种国家重点保护与珍稀濒危鸟类在此栖息、繁衍，世界濒危鸟类——震旦鸦雀（*Paradoxornis heudei*）已在此安家落户。

大白鹭（*Ardea alba*）（江苏泗洪洪泽湖湿地国家级自然保护区管理处 / 供图）

（5）通过编制《江苏泗洪洪泽湖湿地国家级自然保护区生态旅游规划》和《江苏泗洪洪泽湖湿地国家级自然保护区生态旅游规划环境影响评价报告书》，实现了洪泽湖保护区生态旅游的统筹规划与管理。

评估组还对洪泽湖保护区进一步完善保护管理工作提出了建议：①加强保护区管护、监测和执法能力建设，推进实现保护区精细化、网格化管理；②加快完成保护区缓冲区内围网拆除、退渔还湿工程；③妥善处理保护区与社区渔民的生产生活关系。

湿地景观（王伟 / 无人机摄）

专栏

洪泽湖保护区退渔还湿工程

近年来随着退渔还湿工程的逐步实施，洪泽湖保护区在生态效益、经济效益、社会效益等方面已取得初步成效。

在生态效益方面：一是维护了湖泊湿地生态系统的平衡。退渔还湿工程实施后，湖泊湿地生境得以稳步恢复，为珍禽鸟类营造了适宜的栖息与繁殖生境，进一步提高了生态系统的稳定性和生物多样性，并改善了区域小气候。二是湿地净化水质的生态功能凸显。退渔还湿工程全面完成，共拆除养殖围网110 516亩。按拆围区域20%的面积恢复水生植被估算，通过自然恢复与人工恢复的共同发力，共恢复湿地植

湿地之春（江苏泗洪洪泽湖湿地国家级自然保护区管理处 / 供图）

夏季湿地一角（江苏泗洪洪泽湖湿地国家级自然保护区管理处／供图）

秋色（江苏泗洪洪泽湖湿地国家级自然保护区管理处 / 供图）

被面积1 473.5 hm²；通过恢复湿地优势物种芦苇和荻草，极大地提高了对氮、磷的吸收和转化功能，按照氮、磷的平均净化率分别为0.095 t/hm²、0.026 t/hm²测算，每年可降解水体中的氮、磷总量分别达到139.98 t、38.31 t，从而有效地改善了水质状况，为南水北调东线工程提供了优质水源，实现了巨大的生态效益。三是提高了湿地植被的固碳能力。洪泽湖保护区自成立以来，保护和恢复了大面积的水生植被，特别是芦苇等挺水植物在保护区内广泛分布，是区域内巨大的生物量碳库和高碳汇生态系统，对降低区域温室气体浓度、减缓气候变暖具有积极意义。按芦苇的年固碳能力16.2 t/hm²测算（以恢复芦苇和荻草等挺水植物1 368.9 hm²计），退渔还湿工程实施后每年可增加碳汇约22 176.18 t，生态服务功能显著。

在社会效益方面：一是丰富的湿地生态资源既为人们提供了优良的水质、清新的空气、独特的生态自然景观和生态水产品，也可以成为人们生态休闲度假和旅游观光的理想场所，有助于提高人们的生活质量和生态保护意识；二是通过生态旅游业、生态养殖业的发展和多种经营活动的开展，不仅为周边社区的经济发展注入了活力，也将促进产业结构的调整与优化，带动社会多种产业的兴旺，为社区人民提供大量的就业机会，有利于形成和谐相处的社会环境；三是随着湿地生态系统的修复和完善，洪泽湖保护区可以成为院校进行湿地科学研究、对游客开展环境科普教育的理想基地，湿地的科研价值和社会知名度也将得到进一步提升。

在经济效益方面：一是可以推动当地生态旅游业的发展。独特的湿地生态自然景观将极大地提升生态旅游价值，推动当地旅游业发展，引导当地居民发展农家乐、渔家乐和休闲农庄等旅游产品，不断拓宽就业渠道，增加居民收入。二是可以提升生态渔业的价值。围网拆除使区域内的水源质量得到提高，让破碎化的生境和野生鱼类洄游通道得以恢复，使开放型水域的有机生态化自然养殖水产种群更加多样化、数量也不断增加，洪泽湖水产品质量也因此得到提升，渔业附加值得以增强。三是可以促进其他生态产业的发展。生态环境的改善使当地螃蟹、龙虾、银鱼等水产品和大枣、大米等农产品更加优质，有利于当地开发、加工、销售生态产品和有机产品，形成品牌效应，提高产品附加值，其直接或间接的经济效益可观。

综上所述，洪泽湖保护区实施退渔还湿工程后，生态效益巨大、社会效益显著、经济效益可观，具有重要的现实意义和深远的历史意义。

越冬候鸟（江苏泗洪洪泽湖湿地国家级自然保护区管理处 / 供图）

湖北神农架国家级自然保护区（神农架国家公园管理局 / 供图）

案例4

湖北神农架国家级自然保护区：

保护成效显著，管理体制升级

罗建武

湖北神农架国家级自然保护区（以下简称神农架保护区）位于湖北省西北部、神农架林区西南部，地处湖北省与重庆市交接的长江、汉水之间，地理位置为东经110° 03′ 05″ ～110° 33′ 50″ 、北纬31° 21′ 20″ ～31° 36′ 20″，1982年建立省级自然保护区，1986年晋升为国家级自然保护区。经1988年划界立标，划定自然保护区面积为70 467 hm^2，涉及神农架林区3个乡镇10个村1 595户6 537人。神农架保护区拥有保存较为完好的北亚热带森林生态系统，具有丰富的野生动植物资源，是珍稀、濒危物种的关键栖息地，其主要保护对象为北亚热带森林生态系统及特有、珍稀物种，如珙桐（*Davidia involucrata*）、川金丝猴（*Rhinopithecus roxellanae*）等。神农架保护区有高等植物3 684种，其中包括珙桐、红豆杉（*Taxus wallichiana* var. *chinensis*）等国家重点保护野生植物25种，神农香菊（*Dendranthema indicum* var. *aromaticum*）等地区特有植物116种，古老孑遗植物243种；有兽类、鸟类、爬行类和两栖类动物共544种，其中包括国家一级、二级重点保护野生动物84种，国家一级保护动物川金丝猴为保护区旗舰种；有昆虫4 238种。此外，神农架保护区还分布着丰富的地质遗迹资源。

俯瞰神农架保护区（郭晓涛/摄）

神农架保护区1990年入选联合国教科文组织世界生物圈保护区网络，1995年成为全球环境基金（GEF）资助的中国首批10个自然保护区之一，2013

川金丝猴（郭晓涛 / 摄）

年入选联合国教科文组织世界地质公园网络名录，2016年入选联合国教科文组织世界自然遗产名录。神农架保护区属森林和野生动物类型自然保护区，2016年经国家发展和改革委员会批准成为全国首批国家公园体制试点。

评估组查阅资料（罗建武 / 摄）

2018年3月，评估组对神农架保护区开展评估，实地考察了神农顶管理处、神农顶管护中心、温水管护中心、阴峪河管护站、小龙潭野生动物救护站和神农架自然展览馆等基础设施及资源保护情况，查阅了相关文件和资料，还与神农架林区政府、环保局、保护区工作人员和社区代表进行了座谈。

经充分讨论和集体评分，评估组认为神农架保护区自成立以来一直受到国家、湖北省、神农架林区政府和有关部门的高度重视和大力支持，经过保护区管理人员的共同努力，管理工作取得了显著的成绩。

（1）积极贯彻落实国家公园体制建立要求，整合多个管理机构和自然保护地，申报并获批为神农架国家公园体制试点，通过先行先试为我国建立以国家公园为主体的自然保护地体系奠定了基础。同时，出台了《神农架国家公园保护条例》，明确将原保护区的主要保护对象列入严格保护区进行保护，将“野生动物致害”纳入生态保护补偿。

（2）科研基础设施和科研能力进一步增强。神农架保护区先后建立了国家林业局（现为国家林业和草原局，下同）神农架金丝猴研究基地、国家林业局自然

鄂西渝东毗邻自然保护地联盟在神农架成立（文洁 / 摄）

保护区研究中心神农架研究所、神农架金丝猴保育生物学湖北省重点实验室（下设神农架金丝猴研究基地、神农架金丝猴保护研究中心和小龙潭野生动物救护中心）、北京林业大学博士工作站、神农架国家大气环境背景监测站、湖北省金丝猴保护研究中心、湖北神农架森林生态系统国家野外科学观测研究站、神农架地质科学研究所、大龙潭金丝猴野外研究基地、姊妹峰金丝猴人工繁育基地、神农架自然展览馆等研究平台和金丝猴生境及行为监测平台，对野生动物进行实时自动监测。此外，还建立了2个院士专家工作站，搭建了高层次的科技创新平台，与 40余家科研院所、大专院校建立了合作关系，增强了保护区的科研能力，为自然保护工作提供了坚实的支撑。

（3）生物资源管理成效显著。神农架保护区内森林覆盖率和野生动植物资源的生物多样性呈上升趋势，主要保护物种川金丝猴的种群数量和栖息地面积均有所增加。

（4）监测手段丰富，管护效果显著。神农架保护区实行管理局、管理处、管护中心并行的管理架构，率先利用“3S”技术[1]，同时配合北斗巡护终端、红外相

[1] “3S”技术指全球定位系统（GPS）、地理信息系统（GIS）、卫星遥感技术（RS）。

机、视频监控等设备，对保护区实行有效的日常巡护和科研监测，形成人防、物防和技防的综合管护体系，有效地保护了保护区内各类自然资源。

（5）积极筹建自然保护地联盟。2018年6月，鄂西渝东毗邻自然保护地联盟在神农架成立，湖北省和重庆市的7个自然保护区签署联盟协议并发表倡议，要在资源保护、森林防火、打击犯罪、科学研究等方面突破行政区划限制，构建区域性

自然保护地互动融合、协同共建的工作机制，以促进秦巴山区生物多样性保护和自然资源可持续利用。鄂西渝东毗邻自然保护地联盟的建立将促进跨区域、跨省份的生态保护统筹联动，有助于全面促进生态文明建设，形成秦巴山区“共抓大保护”的新格局。

（6）高度重视宣教工作。神农架保护区充分利用展览馆等各类场馆宣传展示

展览馆标本陈列（郭晓涛 / 摄）

保护区内的生物多样性，结合野生动物保护日、地球日、湿地日等开展进学校、进社区等各类科普宣传教育活动；编写了大量科普读物，录制了多部科普纪录片，在各种媒体上进行生态保护宣传。

（7）结合精准扶贫大力发展生态旅游，形成了有效的社区共管模式。神农架保护区管理机构成立了精准扶贫驻村工作队，出资改善居民的生产生活条件，对生态移民给予特殊补贴；形成了和谐共赢的社区共建共管模式，聘请当地村民为生态护林员；利用丰富的旅游资源发展生态旅游，带动了当地社区参与各项旅游和服务，旅游企业本地用工达到 80%以上，社区 50%的人口从旅游中直接受益，当地社区居民的人均收入得到较大的提高。

神农香菊（杨敬元 / 摄）

评估组对进一步完善神农架保护区的保护管理工作提出了建议：①进一步加强对保护区内居民生产经营和面源污染等活动的动态监管，并考虑生态移民的可行性和必要性；②贯彻自然资源保护优先的理念，执行严格的保护制度，重点关注旅游开发对保护区的影响，更好地处理保护与旅游的关系；③在自身良好的科研监测硬件的基础上，进一步加强科研软实力建设，在关注金丝猴等“明星物种”的同时，提高保护区科研监测的全面性。

2015年，神农架保护区作为全国首批10个国家公园体制试点之一开始探索国家公园试点建设。2017年11月，湖北省人大常委会第三十一次会议通过了《神农架国家公园保护条例》[1]，并于2018年5月1日起正式实施。该条例对管理体制、规划与分区、资源保护、服务与监管、社会参与、法律责任等要求进行了明确规定。神农架国家公园试点建设将整合区域内的世界自然遗产地、国家级自然保护区、国家湿地公园、国家森林公园、国家地质公园、省级风景名胜区、大九湖省级自然保护区等各级各类自然保护地，理顺管理体制，增强自然保护地的连通性、协调性、完整性，从而更好地促进生物多样性保护。

神农架国家公园网站（http://www.snjpark.com）

专栏

神农架保护区的保护成效

2016—2018年，在中国科学院野外台站联盟项目的支持下，中国科学院西双版纳热带植物园和中国环境科学研究院联合实施了“中国典型自然保护区保护成效评估”项目，其中对神农架保护区的相关评估工作由中国科学院植物研究所具体负责。

研究表明[2]，神农架保护区在对主要保护对象的保护方面取得了很好的成效。总体来看，神农架保护区的建立减缓了森林的丧失和栖息地的退化，提升了森林覆盖度，扩充了川金丝猴适宜栖息地范围，使栖息地破碎化程度显著下降。此外，通过天然林保护和退耕还林等生态工程的实施，进一步提高了神农架保护区的保护成效。

神农架原始森林（郭晓涛/摄）

川金丝猴
（神农架国家公园管理局/供图）

一方面，神农架保护区保存了最为完好的原始常绿落叶阔叶混交林。自建立以来，保护区内的森林面积增加了34.27%，森林覆盖度由47.94%上升到64.36%，其中82.77%的新增森林由灌木林和疏林转变而来。天然林保护工程和退耕还林工程实施前（1990年）后（2010年），神农架保护区的森林面积由428.45 km^2增加到 528.04 km^2，增加了23.24%，森林覆盖度增加了12.77%。另一方面，神农架是川金丝猴湖北亚种（*Rhinopithecus roxellana hubeiensis*）的唯一栖息地。从川金丝猴的栖息地面积来看，自神农架保护区建立以来增加了17.70%；天然林保护及退耕还林工程实施后，适宜栖息地面积比工程实施前增加了14.29%。从栖息地破碎度来看，神农架保护区建立后川金丝猴栖息地破碎化程度显著减缓，2015年适宜栖息地集合种群容量比保护区建立前（1980年）增加了515.17%；天然林保护工程和退耕还林工程实施后，适宜栖息地集合种群容量比工程实施前增加了367.20%。

附：

神农架国家公园保护条例

第一章　总　则

第一条　为了规范神农架国家公园管理和服务活动，保护神农架自然生态系统的原真性和完整性，保障国家生态安全，促进生态文明建设，依据有关法律、行政法规和国家《建立国家公园体制总体方案》，制定本条例。

第二条　本条例适用于神农架国家公园的保护和管理等活动。

神农架国家公园经国家批准设立并主导管理，由神农架的世界自然遗产地、国家级自然保护区、国家湿地公园、国家森林公园、国家地质公园、省级风景名胜区、大九湖省级自然保护区等自然保护地整合而成。

省人民政府根据神农架国家公园保护需要，划定毗邻保护区并向社会公布，促进神农架国家公园与周边区域的协同保护。

第三条　神农架国家公园的保护和管理，应当遵循保护第一、科学规划、分区管理、社会参与、永续发展的原则，严格按照国家相关规定执行。

第四条　省人民政府负责神农架国家公园的组织领导工作，将神农架国家公园的发展纳入国民经济和社会发展规划，建立健全神农架国家公园管理体制，完善生态保护绩效考核制度和生态保护补偿机制，将神农架国家公园生态管护、生态修复、生态建设等保护和管理经费列入财政预算。

第五条　省人民政府应当制定政策措施，采取定向援助、产业调整、生态移民等方式，支持神农架国家公园内的居民改善生产条件、提高生活水平，加大对神农架林区（以下简称林区）重点生态功能区的财政转移支付力度，促进神农架区域经济社会发展。

第六条　各级人民政府及有关部门应当加强神农架国家公园的宣传教育，促进神农架国家公园的保护和管理。

广播、电视、报刊、网络等媒体应当加强宣传引导，普及生态文化，增强公众生态保护意识，开展舆论监督。

鼓励基层群众性自治组织、社会组织、志愿者开展国家公园法律法规和生态保护知识宣传，营造良好氛围。

第二章　管理体制

第七条　省人民政府建立国家公园管理联席会议制度，研究制定国家公园管理制度和措施，统筹协调神农架国家公园规划、国土空间用途管制、自然资源资产管理、特许经营、生态保护补偿等重大事项，研究解决国家公园管理和保护中的重大问题。联席会议的日常工作由省人民政府发展改革部门承担。

第八条　省人民政府设立的神农架国家公园管理机构（以下简称国家公园管理机构）负责统一履行神农架国家公园内生态保护、自然资源资产管理、特许经营管理、社会参与管理、宣传推介等行政管理职责。国家公园管理机构权力清单和责任清单由省人民政府制定。

国家公园管理机构在神农架国家公园范围内履行资源环境综合执法职责，依法集中行使行政处罚权。

省人民政府按照精简高效的原则，将林区人民政府涉及神农架国家公园自然资源资产管理和生态保护的有关部门职责和人员部分整合纳入国家公园管理机构。

第九条　省人民政府财政、国土资源、环境保护、城乡建设、水行政、农业、林业、文化、旅游等部门按照各自职责做好相关工作，依法加强对神农架国家公园管理情况的监管。

第十条　林区人民政府履行神农架国家公园内经济社会发展综合协调、公共服务、社会管理、市场监管等职责。

有关乡镇人民政府协助国家公园管理机构加强生态管护。

有关村（居）民委员会引导居民养成绿色环保的生产生活方式，协助开展神农架国家公园生态保护。

第十一条　国家公园管理机构依照国家有关规定统一履行神农架国家公园内现有的世界自然遗产地、自然保护区、湿地公园、森林公园、地质公园、风景名胜区等各类自然保护地的管理职责。

第十二条　建立神农架国家公园生态保护绩效考核制度，实行领导干部自然资源资产离任审计和生态环境损害责任追究制，具体办法由省人民政府制定。

省人民政府应当组织对神农架国家公园的自然资源资产管理、生态系统状况、环境质量变化、生态文明制度执行情况等进行第三方评估，评估结果作为生态保护绩效考核的重要依据。

第十三条　神农架国家公园设立专家咨询委员会，为国家公园的保护和管理提供专业咨询和决策支持。

第三章　规划与分区

第十四条　编制神农架国家公园规划应当符合全国生态功能区划、国家和省主体功能区规划，与土地利用规划和城乡规划等空间规划相衔接，严守资源环境生态红线。

第十五条　神农架国家公园规划包括总体规划和专项规划，应当包含总体布局、功能区划、资源保护、科研监测、科普教育、游憩展示、社区发展、公众参与、管理体系等方面的内容。

神农架国家公园规划由国家公园管理机构组织编制，报省人民政府审核，其中总体规划由省人民政府提请省人民代表大会常务委员会审议，再依照法定程序报请批准。

第十六条　编制神农架国家公园规划应当依法进行环境影响评价，并履行风险评估、专家论证、公开征求意见等程序，必要时进行听证。

经批准的神农架国家公园规划应当及时公布并严格执行，不得擅自变更或者调整；确需变更或者调整的，应当按照原程序报请批准。

第十七条　神农架国家公园按照生态功能和保护目标，划分为严格保护区、生态保育区、游憩展示区和传统利用区。

严格保护区是神农架国家公园内自然生态系统最完整、核心资源集中分布以及自然环境脆弱的区域，采取封禁和自然恢复的方式保护，除科学研究需要外，禁止任何人进入。

生态保育区是神农架国家公园内维持较大面积的原生生态系统以及已遭到一定程度破坏而需要修复的区域，采取必要的生物措施予以保护。

游憩展示区是集中承担国家公园游憩、展示、科普、教育等功能的区域。

传统利用区是生产和生活的区域，允许对自然资源进行可持续性利用。

第十八条　国家公园管理机构应当设立国家公园界碑，并在严格保护区分界处设立界碑、界桩。

任何单位和个人不得破坏、擅自移动界碑、界桩。

第十九条　神农架国家公园实行严格规划建设管控，除不损害生态系统的生产生活设施改造和自然观光、科研、教育、旅游外，禁止其他开发建设活动。

神农架国家公园内各类建设项目应当依法取得许可，有关机关许可前应当征求国家公园管理机构的意见。

经批准的重大基础设施建设项目不得穿越严格保护区和生态保育区；通讯、电网等建设项目确需穿越生态保育区的，应当经充分论证并科学设计、合理施工，避免对生态环境的影响。

现有建设项目不符合神农架国家公园规划的，应当按照规划要求限期改造或者拆除。

经批准的建设项目，建设单位、施工单位应当制定污染防治和水土保持方案，并采取有效措施，维护植被、水体、野生动植物资源和地形地貌；因施工造成环境破坏的，应当同步进行生态修复。

第四章　资源保护

第二十条　神农架国家公园资源保护对象为：

（一）自然资源，包括地质地貌奇观，北亚热带原始森林，常绿落叶阔叶混交林生态系统，泥炭藓湿地生态系统，北亚热带古老孑遗，以金丝猴和冷杉、珙桐为代表的珍稀濒危特有物种及其关键栖息地等核心资源；

（二）人文资源，包括神农炎帝文化、川鄂古盐道、南方哺乳动物群化石、远古人类旧石器遗址以及汉民族神话史诗等；

（三）其他需要保护的资源。

第二十一条　省人民政府应当建立神农架国家公园自然资源和人文资源调查制度，组织对神农架国家公园内的自然资源、人文资源等各类资源进行本底普查和定期调查，编制反映资源存量及变动情况的资产负债表。

第二十二条　不动产登记机构应当根据有关法律法规，会同国家公园管理机构和有关部门开展国家公园内水流、森林、山岭、草原、荒地、滩涂等自然资源资产的确权登记工作，明确各类自然资源的种类、面积和所有权性质。

对于神农架国家公园内全民所有的自然资源资产，省人民政府根据国家规定代理行使所有权，国家公园管理机构负责具体保护和管理工作。

对于神农架国家公园内集体或者个人所有的自然资源资产，国家公园管理机构可以和所有权人、承包权人依照国家规定通过租赁、置换等方式规范流转，或者通过合作协议的方式实现统一有效管理。

第二十三条　省人民政府应当组织制定神农架国家公园生态环境管控、自然文化遗产保护、生物多样性保护等相关管理办法和标准，并向社会公布，接受社会监督。

第二十四条　国家公园管理机构应当合理划分管理和管护责任区域，建立巡护制度，制定统一的工作规范，制止破坏资源和环境的行为。

第二十五条　国家公园管理机构应当建立监测预警制度，构建自然资源基础数据库及统计分析平台，定期组织开展地质地貌和野生动植物、森林、草地、湿地等自然资源和生态系统的动态监测，并根据监测情况进行风险预警，采取相应保护措施。

国家公园管理机构应当会同有关部门加强动植物检疫和林业有害生物防治工作，制定应急预案。发生疫情或者生物灾害时，及时采取有效的预防与控制措施。

第二十六条　国家公园管理机构应当加强生态系统多样性、生物多样性的保护，在野生动植物集中、生物多样性丰富的区域建立生物多样性保护基地、重要物种栖息地。

国家公园管理机构会同有关部门和周边地区建立生物多样性保护协调机制，构建绿色生态廊道，提高生态保护区域的连通性。

第二十七条　国家公园管理机构应当依照神农架国家公园规划开展森林、草地、河流、湖泊、水库、湿地、野生动植物、地质资源等专项保护工程，必要时开展生态系统修复。生态系统修复以自然恢复为主，采取生物措施和工程措施相结合的方式。

保护大九湖湿地生态系统的原真性和多样性，恢复大九湖泥炭藓沼泽、植被和水系生态系统，保障南水北调水源涵养地的生态功能。

第二十八条　国家公园管理机构应当会同有关部门制定文化遗产保护方案并组织实施，依法保护文物、遗址等物质文化遗产和非物质文化遗产。

第二十九条　国家公园管理机构应当会同有关部门建立防灾减灾应急机制，制定应急救援预案，建立防灾减灾队伍，开展技能培训和应急演练，提高防范森林火灾、山体崩塌滑坡、泥石流、雷电、大风、暴雪等灾害的能力。

第三十条　禁止在神农架国家公园内从事下列活动：

（一）狩猎、捕捞、开垦、烧荒、采集泥炭、揭取草皮、捡拾鸟卵；

（二）违反规定养殖、种植、砍伐、放牧、采石、挖沙、取土、取水；

（三）擅自采集国家和省级重点保护野生植物；

（四）损毁、擅自挖掘地质遗迹，擅自采集化石、矿石标本；

（五）使用剧毒、高毒、高残留农药（含除草剂等药剂）；

（六）引进或者投放外来物种；

（七）改变自然水系状态；

（八）法律法规规定的其他破坏生态环境的活动。

严格保护区和生态保育区内禁止进行养殖、种植、砍伐、放牧、采药、开垦、烧荒、开矿、采石、挖沙等活动。

第三十一条　神农架国家公园内禁止新建、改建、扩建矿产资源开发、水电等项目。

现有的矿产资源开发、水电项目应当有序退出。省人民政府应当自本条例实施之日起一年内制定退出办法，明确退出时限、补偿标准、资金来源等。

第三十二条　在神农架国家公园各分区内开展活动，应当遵守下列规定：

（一）严格保护区内，禁止建设任何生产经营设施；

（二）生态保育区内，允许建设必要的保护和科研监测的建筑物和构筑物，禁止建设生产经营设施；

（三）游憩展示区内，经批准允许建设必要的餐饮、游憩、住宿等基础设施，开展参观、旅游等活动，禁止进行大规模开发，禁止建设污染环境、破坏资源和景观的生产经营设施，禁止开展与保护方向不一致的参观、旅游等活动；

（四）传统利用区内，禁止从事对自然生态系统有影响的生产经营活动。

第三十三条　在神农架国家公园内从事下列活动，应当经国家公园管理机构同意：

（一）在严格保护区内建设防火、科研、监测等保护设施或者因科学研究确需进入严格保护区的；

（二）进入生态保育区、游憩展示区和传统利用区从事科学研究、教学实习和标本采集的；

（三）在游憩展示区和传统利用区内拍摄影视作品、举办大型群众性活动的；

（四）其他可能影响神农架国家公园生态环境的活动。

从事前款规定的科学研究、拍摄影视作品等活动的，应当在规定的期限内向国家公园管理机构提交活动成果副本。

第三十四条　省人民政府建立神农架国家公园生态保护补偿机制，将林区、神农架国家公园及其毗邻保护区的生态保护补偿资金纳入省级财政预算；对神农架国家公园森林、湿地、水流、耕地等重点领域以及下列事项进行生态保护补偿：

（一）依法许可的矿产资源开发、水电项目以及其他建设项目，限期关闭、退出或者改造、拆除的；

（二）依法取得的特许经营权被收回的；

（三）重要自然资源的所有权、使用权被依法征收的；

（四）生态移民搬迁；

（五）开展清洁能源建设项目的；

（六）进行农业清洁生产的；

（七）开展污水、垃圾等环境治理的；

（八）造成野生动物致害的；

（九）其他应当进行补偿的事项。

省人民政府应当建立资金、技术、实物、就业岗位等相结合的补偿机制，探索开展综合补偿并加强生态保护补偿效益评估。生态保护补偿和效益评估的具体办法由省人民政府制定。

第三十五条　省人民政府应当建立协调机制，鼓励受益地区采取转移支付、资金补助、对口协作、产业转移、人才培训、共建园区等方式，支持神农架林区的生态保护、产业优化和民生改善。

第三十六条　按照神农架国家公园规划需要进行生态移民搬迁的，国家公园管理机构应当组织制定生态移民搬迁方案，明确住房、土地、就业、产业发展、社会保障、生态保护补偿等事项，经专家论证，并征求相关乡镇人民政府、村（居）民委员会和移民的意见，报省人民政府批准后实施。

国家公园管理机构应当对移民组织开展技能培训，支持其依法参与特许经营和其他经营活动，保障、改善移民的生产生活条件。

第三十七条　建立健全神农架国家公园科研机制，设立神农架国家公园科研机构，进行森林生态系统、珍稀植物培育、野生动物救护和金丝猴、高山生态、地质等研究。

国家公园管理机构应当建立科学研究合作机制，推动神农架国家公园与国内外国家公园、科研机构、专家学者的交流合作，加强神农架国家公园资源保护。

鼓励高等院校和企业事业单位开展科学研究、建立国家公园人才教育培训基地，为国家公园保护提供科技支撑和人才保障。

第三十八条　国家公园管理机构与毗邻保护区和其他周边地区通过合作共建等方式，共同保护神农架国家公园及周边区域的自然资源。

第五章　服务与监管

第三十九条　国家公园管理机构应当根据神农架国家公园规划，合理利用森林、山地、河流、湖泊、湿地、古迹等自然生态和人文景观，提供科研科普、环境教育、生态体验等服务，处理好神农架国家公园保护与利用服务的关系。

第四十条　国家公园管理机构应当建设多元化的教育展示体系及解说系统，设立宣教中心和野外宣教基地，开展科普和环境教育，促进公众了解国家公园的资源和价值，培育守护意识。

第四十一条　神农架国家公园门票由国家公园管理机构负责管理，实行政府定价，体现公益性。制定和调整门票价格，应当征求公众和利害关系人的意见并依法进行听证。

第四十二条　神农架国家公园游憩展示区内的生态体验、交通、住宿、餐饮、商店及文化产业等经营项目实行特许经营。

公益性项目一般不纳入特许经营范围，不得以特许经营名义将公益性项目和经营项目整体转让、垄断经营。

特许经营管理办法由省人民政府制定，经专家论证、公开征求意见后向社会公布。特许经营管理办法应当明确特许经营的目录、期限、费用、监督管理等。

涉及能源、交通运输、水利、环境保护、市政工程等基础设施和公用事业的特许经营依据国家有关规定执行。

第四十三条　国家公园管理机构应当依法对特许经营规模、经营质量、价格水平等进行监督管理。发现特许经营者未履行保护职责，可能损害生态系统、自然资源和人文资源的，应当终止特许经营合同，并要求经营者承担相应责任。

省人民政府应当组织对特许经营实施情况和监督管理情况进行定期审查和评估。

第四十四条　神农架国家公园实行收支两条线管理，依托自然资源设立的景区门票收入、特许经营收入等各项收入应当上缴财政，纳入预算专项管理，统筹用于资源保护、生态保护补偿以及扶持神农架国家公园和毗邻保护区居民的发展等。

第四十五条　国家公园管理机构应当科学合理地设置生态体验区域和路线，完善生态体验服务体系，加强公共服务设施和信息基础设施建设，推进神农架国家公园的信息化、智能化，建成智慧国家公园。

国家公园管理机构应当根据环境承载能力和资源监测结果，合理确定访客容量，实行限额管理、提前预约和定期休园制度，及时向公众公布访客实时流量和最大承载量等信息。

第四十六条　国家公园管理机构应当按照国家有关规定配套建设垃圾分类收集和无害化处理设施。

神农架国家公园内的单位和个人应当按照垃圾分类要求，将垃圾投入指定的垃圾容器或者收集场所。

第四十七条　神农架国家公园应当设置服务设施标志、游园导向标志以及安全警示标志，并采取必要的防范措施。

国家公园管理机构应当建立健全安全管理责任制和应急处置制度，为访客提供必要的救助服务。

第四十八条　林区人民政府、国家公园管理机构应当规范、引导园区居民在传统利用区开展与生态保护相适应的观光休闲、民俗体验等服务，发展绿色低碳产业，增加居民收入。

第六章　社会参与

第四十九条　国家公园管理机构应当完善公众参与制度，鼓励公众对神农架国家公园的设立、规划编制与实施、资源保护、利用服务、监督管理等提出意见和建议。

国家公园管理机构应当建立健全信息公开制度，构建神农架国家公园综合信息平台，提供自然资源、保护管理、科研监测、科普教育、旅游线路等信息服务。

第五十条　鼓励和支持社会组织、企业事业单位和个人通过协议保护与授权管理等方式参与神农架国家公园生态保护活动。

鼓励国家公园管理机构与神农架国家公园内的乡镇人民政府、村（居）民委员会等建立社区共管共建机制，通过联户参与、签订管护协议等形式，协助开展自然资源保护工作。

国家公园管理机构通过提供国家公园服务就业岗位、委托管理、产业转移、扶持集体经济发展项目等形式支持社区发展。

第五十一条　国家公园管理机构应当建立健全生态管护制度，设置公益岗位，优先聘用神农架国家公园内的居民为生态管护员。实行管护考核与奖惩制度，合理确定管护报酬与绩效奖励标准，管护所需经费纳入省级财政预算。

生态管护员协助国家公园管理机构对生态环境进行日常巡护和保护，报告并制止破坏生态环境的行为，监督各项保护措施执行情况。

第五十二条　鼓励企业、有关组织和个人通过投资、捐赠、信贷支持等形式，参与神农架国家公园的保护和建设。

支持设立国家公园生态保护基金会，接受社会捐赠资金等。基金的筹集、管理和使用依据国家有关规定执行。

第五十三条　建立国家公园志愿者制度。国家公园管理机构应当会同有关部门建立志愿者平台，制定志愿者招募与准入、教育与培训、管理与激励的相关政策和措施。

鼓励和支持政府部门、企业事业单位、其他组织和个人参与国家公园的资源保护、解说教育、科普宣传等志愿服务工作。

第五十四条　国家公园管理机构应当建立决策咨询合作机制，与公益组织、教育科研机构、企业事业单位等建立合作伙伴关系，建立社会公众参与决策和意见反馈制度，为神农架国家公园的保护和管理提供智力支持。

第五十五条　任何单位和个人都有保护神农架国家公园生态系统和自然资源、人文资源的义务，有权对违法行为进行制止、投诉和举报。

国家公园管理机构应当建立由公民、社会组织、利益群体、媒体参与的国家公园社会监督机制，建立社会监督员和举报制度；对有关投诉、举报事项，应当及时组织核查、依法处理。

第七章　法律责任

第五十六条　违反本条例，法律法规有规定的，从其规定。

第五十七条　国家机关及其工作人员在神农架国家公园保护和管理工作中有下列情形之一的，责令改正；情节严重或者造成生态环境恶化等严重后果的，对于直接负责的主管人员和其他直接责任人员，由其主管机关或者监察机关依法给予行政处分；构成犯罪的，依法追究刑事责任：

（一）未按照法定程序组织编制、变更、调整神农架国家公园规划的；

（二）违反神农架国家公园规划批准建设项目的；

（三）对矿产资源开发、水电以及其他不符合神农架国家公园规划的建设项目，未按照规定退出或者改造、拆除的；

（四）未按照规定管理、监督神农架国家公园特许经营项目的；

（五）发现违法行为不予查处的；

（六）其他滥用职权、玩忽职守、徇私舞弊的行为。

第五十八条　违反本条例第三十条第一款第一项、第二项、第四项至第七项规定的，由国家公园管理机构责令停止违法行为、限期恢复原状或者采取其他生态修复措施，没收违法所得，处1万元以上5万元以下罚款；情节严重的，处5万元以上20万元以下罚款。

违反本条例第三十条第一款第三项规定的，由国家公园管理机构责令停止违法行为，没收违法所得，处违法所得10倍以下罚款。

第五十九条　违反本条例第三十一条第一款规定的，由国家公园管理机构责令停止建设、限期拆除、采取生态修复措施，没收违法所得，并处50万元以上150万元以下罚款。

第六十条　违反本条例第三十二条规定的，由国家公园管理机构责令停止建设、限期拆除、采取生态修复措施，没收违法所得，并按照下列规定予以处罚：

（一）在严格保护区违规建设设施的，处50万元以上100万元以下罚款；

（二）在生态保育区建设生产经营设施的，处20万元以上50万元以下罚款；

（三）在游憩展示区进行大规模开发或者建设污染环境、破坏资源或景观的生产经营设施的，处20万元以上100万元以下罚款；

（四）在传统利用区从事对自然生态系统有影响的生产经营活动的，对个人处1000元以上3000元以下罚款，对单位处1万元以上5万元以下罚款。

第六十一条　违反本条例第三十三条第一款规定的，按照下列规定予以处罚：

（一）擅自在严格保护区内建设防火、科研、监测等保护设施或者擅自进入严格保护区的，由国家公园管理机构责令改正，处1000元以上5000元以下罚款；对自然资源造成破坏的，处5000元以上2万元以下罚款。

（二）擅自进入生态保育区、游憩展示区和传统利用区从事科学研究、教学实习和标本采集的，由国家公园管理机构责令限期改正；逾期未改正的，处1万元以上5万元以下罚款。

（三）擅自在游憩展示区和传统利用区内拍摄影视作品、举办大型群众性活动的，由国家公园管理机构责令限期改正；逾期未改正的，处2000千元以上1万元以下罚款。

第八章　附　则

第六十二条　本条例自2018年5月1日起施行。

参 考 文 献

[1] 湖北省人民代表大会常务委员会公告（第二百二十四号）. 神农架国家公园保护条例 [EB/OL]. [2017-11-30]. http://www.hubei.gov.cn/zwgk/zxwj/20171130_1229629.shtml.

[2] 王翠玲，臧振华，邱月，等 . 湖北神农架国家级自然保护区森林和川金丝猴栖息地的保护成效 [J]. 生物多样性，2017，25：504-512.

江苏大丰麋鹿国家级自然保护区鹤鹿和谐共生（王伟 / 摄）

案例5

江苏大丰麋鹿国家级自然保护区：

湿地生态　麋鹿文化

张立博

江苏大丰麋鹿国家级自然保护区（以下简称大丰麋鹿保护区）位于江苏省盐城市大丰区东南角的黄海之滨，原为大丰林场的一部分，总面积为2 667 hm^2，是典型的冲积平原型滨海湿地[1]，主要保护麋鹿（*Elaphurus davidianus*）、丹顶鹤（*Grus japonensis*）及滨海滩涂湿地生态系统，恢复野生麋鹿种群。麋鹿又称“四不像”，是我国特有的珍稀动物，曾经广泛分布于我国东部平原湿地中的沼泽地

带，但由于历史上的大量猎捕和栖息地的丧失于1900年在我国本土野外灭绝，当时全球也仅有18头，饲养于英国乌邦寺庄园里[2]。大丰区的滨海湿地是麋鹿曾经分布的原生栖息地，为恢复麋鹿野生种群，1986年世界自然基金会从英国重新引进了39头麋鹿，包括13头雄鹿和26头雌鹿，放养在大丰区的黄海之滨，这一年也是大丰麋鹿保护区的始建之年。

在此之后，大丰麋鹿保护区不断发展：1997年12月，批建为国家级自然保护区；1995年，被列入中国生物圈保护区网络；2002 年，被列入国际重要湿地名录；2003 年，被湿地国际列入“东亚—澳大利亚鸟类保护网络成员”。2019年，大丰麋鹿保护区全境与江苏省盐城市的湿地珍禽国家级自然保护区部分区域、条子泥市级湿地公园和东台市的条子泥湿地保护小区、高泥淤泥质海滩湿地保护小区共同作为中国“黄（渤）海候鸟栖息地（第一期）”范围列入联合国教科文组织世界自然遗产名录。

麋鹿（王伟 / 摄）

湿地生态（王伟 / 无人机摄）

2018年1月，评估组来到大丰麋鹿保护区。通过开展现场调研、交流座谈等活动，并查阅档案资料，评估组认为，近10年来原国家林业局（现国家林业和草原局）、江苏省人民政府及盐城市政府对大丰麋鹿保护区的管理工作十分重视，在资金、政策、土地权属等方面给予大力支持。保护区管理机构为大丰麋鹿保护区管理处，是全民公益性事业单位，现有职工75人，其中，省属事业编制15人（人员经费纳入省财政预算）、市级事业编制15人、企业性质人员45人（人员经费源自单位创收）。

保护成效显著

1986年，大丰麋鹿保护区的麋鹿种群数量为39头。2018年评估组到来时，麋鹿数量为4 101头（2017年统计数字），且麋鹿的繁殖率、成活率、年递增率等各项指标均居世界首位。根据中国环境科学研究院与中南林业科技大学联合开展的大丰麋鹿保护区保护成效评估研究结果，除种群数量以外，大丰麋鹿保护区在麋鹿种

保护区中的中华麋鹿园（王伟 / 摄）

群结构的稳定性方面也保持着较为稳定的增长趋势。据统计，世界麋鹿平均年递增率为5.9%，大丰麋鹿种群年递增率高出此值11.3个百分点；世界麋鹿平均难产率超过20%，而大丰麋鹿种群的难产率仅为0.3%，为攻克麋鹿难产这一世界性难题积累了宝贵的经验。

只有保持野生麋鹿种群稳定、健康的发展趋势，逐步恢复并扩大野生麋鹿种群数量，才能更好地实现麋鹿的有效保护和健康发展，更为有效地保护区域内的生物多样性，使生态价值最大程度地得到凸显。由于野生麋鹿种群只有在自然栖息地中才能逐步再塑其祖先曾有的行为，因此大丰麋鹿保护区通过放归自然的方式，将麋鹿放归至东临黄海的天然滩涂湿地，在没有人工设施和人为干扰的情况下完全通过自然方式恢复其野生种群。由于此处潮间带面积广阔，麋鹿种群已发展至905头[1]，形成了可以自我维系的种群结构。目前，野生放养麋鹿种群的第三代已经形成，其分布范围逐渐扩展，不需要人工干预。麋鹿的成功野化放归为人类拯救濒危物种提供了成功范例，使我国野生动物保护事业进入一个新的领域。

保护与科研相得益彰

大丰麋鹿保护区与中国科学院动物研究所、中国林业科学研究院、南京大学等多家高等院校、科研机构共同合作，成立了盐城市麋鹿研究所和博士后工作站，在麋鹿的形态学、解剖学、生理学、繁殖学、行为学、遗传学、病理学和保护生物学等方面开展了系统的科学研究，并取得了多项成果。大丰麋鹿保护区还经常安排工作人员到相关科研单位、高校进行学习交流，不断拓展工作人员在野生动植物保护、“3S”技术、野生动物驯养繁殖、疫源疫病监测等方面的业务能力。

与此同时，大丰麋鹿保护区与相关科研单位、学者、志愿者等共同成立了麋鹿保护联盟，合作开展麋鹿保护的立法调研、信息交流、科学研究合作、种群血缘交换、异地迁地保护等方面的研究，不断推动麋鹿保护中突出问题的有效解决。

科研实验基地（王伟／摄）

博士后科研工作站（王伟／摄）

着力打造麋鹿文化

雄性麋鹿长有鹿角，一般每年的11月至翌年3月是其脱角长茸期。此次评估组来到大丰麋鹿保护区的时间不巧正是麋鹿的脱角季，因而错过了保护区一年一度的传统“鹿王争霸”大赛。大丰麋鹿保护区依托麋鹿这种珍稀动物及黄海湿地生态系统，在大力保护麋鹿种质资源、周边湿地资源和生态景观资源的同时，采取生态友好的方式开展生态游、科普游和文化游；同时，还不断加强自身的宣传平台建设，组建专业团队，以“湿地生态，麋鹿文化”为主题，打造了富有特色的宣教解说体系，使保护区成为地方政府对外宣传交往的生态名片。中华麋鹿园作为黄海湿地的重要景区，其植被覆盖率达70%以上，完好地保存了麋鹿赖以生存的黄海湿地生态系统，创建了世界上最大的麋鹿基因库，形成了林、草、水、鹿、鸟共生的壮丽景象。

富有特色的宣教解说体系（王伟/摄）

随着野生麋鹿种群的扩大和个体数量的增多，大丰麋鹿保护区着力推动与当地社区建立友好关系，通过开展宣教工作与周边社区、中小学校、企事业单位等合作进行湿地宣传教育，印制和出版了生动、形象的宣传用品，举办了各类宣教活动，提升了公众保护湿地和野生动物的意识。同时，大丰麋鹿保护区还兼顾社区居民的利益，针对野生放养麋鹿对周边社区农田损害的情况，积极帮助社区居民申请有关资金予以补偿，得到了社区居民的理解。

评估组还对大丰麋鹿保护区的未来发展提出了相关建议：①尽快研究出台对保护对象麋鹿的数量管控措施，进行迁地保护；②加强对植被退化生境的生态修复工作，提高麋鹿栖息地的环境质量；③加强除麋鹿以外其他主要保护对象的管护与监测工作，建立人鹿接触潜在疾病暴发的风险防控措施。

参考文献

[1] 徐安宏，俞晓鹏．大丰麋鹿保护现状与可持续发展策略探讨 [J]. 安徽农业科学，2019，47（5）：107-109.

[2] 张树苗，白加德，李夷平，等．麋鹿的分类地位与遗传多样性研究概述 [J]. 野生动物学报，2019，40（4）：1035-1042.

桫椤及其生境（胡世学 / 摄）

案例6

贵州赤水桫椤国家级自然保护区：打造天空地一体化管护体系

王　伟　陈念念　刘方正

桫椤（*Alsophila spinulosa*）是中生代古老孑遗物种，属于国家二级保护植物，通常生存在特殊的低海拔沟谷地貌中，同时还需要良好的水热条件、充沛的年降水量、较高的相对湿度、深厚的土壤等生境条件。贵州赤水桫椤国家级自然保护区（以下简称赤水桫椤保护区）位于贵州省西北部的赤水市葫市镇、元厚镇、旺隆镇境内，建于1984年，1992年经国务院批准晋升为国家级自然保护区。赤水桫椤保护区总面积为13 300 hm^2，其中，核心区面积为5 200.3 hm^2，占39.1%；缓冲区面积为4 016.6 hm^2，占30.2%；实验区面积为4 083.1 hm^2，占30.7%。赤水桫椤保护区拥有集中成片的古老孑遗植物桫椤、独特的丹霞地质地貌、典型的中亚热带常绿阔叶林、多样的野生动植物种类等自然遗产，主要保护对象为桫椤、小黄花茶（*Camellia luteoflora*）等国家珍稀濒危植物及其生态系统和生物多样性，是我国唯一以国家濒危保护植物桫椤命名的国家级自然保护区，同时也是丹霞地貌这一世界自然遗产的重要组成部分。

佛光岩——中国丹霞赤水世界自然遗产地（王伟 / 摄）

贵州赤水桫椤国家级自然保护区管理局（以下简称保护区管理局）为正县级事业单位，其经费列入省级财政预算管理，内设机构包括综合科、业务科、葫市管理站、金沙管理站、元厚管理站，核定事业编制15个，其中管理人员5人、专业技术人员8人、工勤人员2人。2018年12月，评估组来到赤水桫椤保护区开展遥感监测、无人机航拍和实地考察，并查阅了相关档案资料，与保护区管理机构和社区代表进行了座谈。总体来说，赤水市委、市政府高度重视赤水桫椤保护区的生态环境保护与管理工作，对保护区管理局干部职工实施地方绩效奖励，有效促进了保护区工作人员的积极性。赤水桫椤保护区在管理人员的共同努力下，已在科研监测、博物馆运营、信息化建设等方面具备了较好的基础，积累了丰硕的数据资料和馆藏标本。

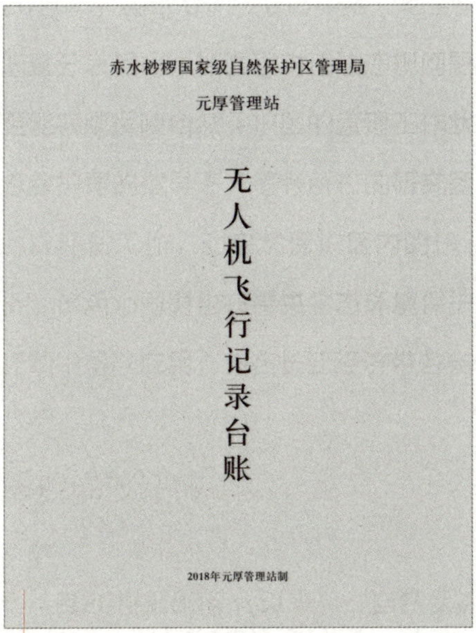

赤水桫椤国家级自然保护区管理局

元厚管理站

无人机飞行记录台账

2018年元厚管理站制

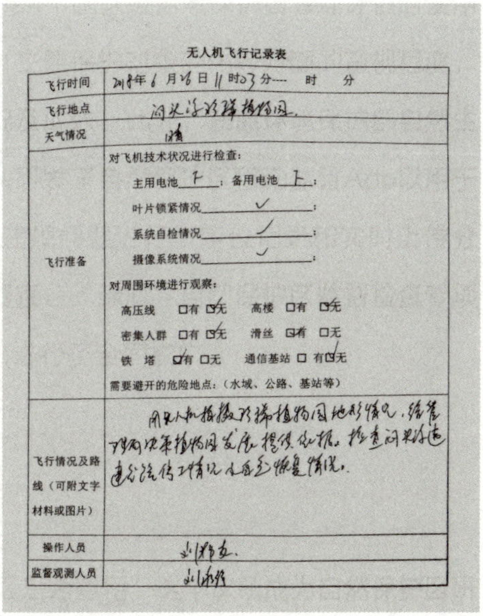

无人机飞行记录表

飞行时间	2018年6月[illegible]日11时03分---- 时 分
飞行地点	[illegible]
天气情况	晴
飞行准备	对飞机技术状况进行检查： 主用电池 下 ；备用电池 上 ； 叶片锁紧情况 ✓ ； 系统自检情况 ✓ ； 摄像系统情况 ✓ ； 对周围环境进行观察： 高压线 □有 ☑无 高楼 □有 ☑无 密集人群 □有 ☑无 滑丝 ☑有 □无 铁 塔 ☑有 □无 通信基站 □ 有☑无 需要避开的危险地点：（水域、公路、基站等）
飞行情况及路线（可附文字材料或图片）	[illegible]
操作人员	[illegible]
监督观测人员	[illegible]

无人机飞行记录台账（王伟 / 摄）

桫椤（胡世学 / 摄）

天空地一体化管护

赤水桫椤保护区综合应用了卫星遥感、无人机、物联网和移动互联网等技术，打造了天空地一体化管护体系。基于卫星遥感开展了保护区植被覆盖情况的整体监测，动态分析了长时间的植被覆盖率变化情况。赤水桫椤保护区每个管理站都配备了多旋翼无人机，建立了无人机飞行记录台账，利用无人机低空遥感与特殊地区无人机低空定向遥感相结合的方式，实现了各个管理站的全域实时化、常态化管控，以及5个重点区域和监测样地的定期监测。在地面巡护过程中，建立了巡护考核制度与手机移动终端相结合的模式，每个巡护人员均配备了移动监管系统App，日常巡护数据可以自动上传、统计分析、生成报表，提升了管护效率。同时，依托相关技术单位建成了一体化信息管理平台，在满足日常办公应用需求的基础上，集成了保护区日常巡护、科研监测、保护评估的数据，实现了对保护区丰富动植物资源的动态化、可视化、现代化管理。

同时，赤水桫椤保护区拥有大量的科研监测数据和标本资料。为系统整合已有的卫星遥感、无人机及地面监测、环境调查、标本资料等数据信息，实现多源数据集的有效管理和使用，赤水桫椤保护区经过积极争取成为国家标本资源共享平台（NSII）自然保护地数据库建设试点，在相关技术单位的支持下，基于自身已有的一体化信息平台，进一步将27条空间数据、92条监测数据、2 270条植物标本、2 629条动物标本、47条化石标本整理入库。该数据库将物种名称、地理坐标等关键字段进行串联，实现了天空地一体化监测数据的整合和展示，更好地发挥了监测数据对赤水桫椤保护区科研、管理和保护工作的服务和支撑作用，并为公众了解保护区、认识生物多样性提供了服务，为区域和流域自然保护地的建设与管理提供了案例示范。

赤水桫椤保护区移动监管系统 App 界面

科研监测卓有成效

赤水桫椤保护区通过与有关科研院所合作，开展了多次综合科学考察和专项调查监测工作，先后编制出版了《赤水桫椤保护区科学考察集》《专题科学考察调研报告》《贵州赤水桫椤国家级自然保护区生物多样性》《赤水桫椤保护区常见种子植物图谱》等科研成果。此外，赤水桫椤保护区还建成了金沙沟、元厚两个森林监测大样地，以及毛竹（*Phyllostachys edulis*）入侵样带、典型植物群落小样地和物种动态变化监测样线等，开展了桫椤物候学观察等科学研究。2015年以来，完成了植物多样性、两栖爬行动物多样性、鸟类多样性、野猪（*Sus scrofa*）危害调查与分析、哺乳动物多样性以及环境质量监测等多项专项调查监测工作。

基于遥感监测、相关研究文献和此次现场考察评估，再结合赤水桫椤保护区的保护成效，评估组认为该保护区的森林生态系统总体呈现良性态势。赤水桫椤保护区代表了中亚热带湿润季风气候区下独特的森林群落外貌特征[1]，经过20多年的保护，农田裸地转换为森林的面积逐步增加，保护区西部植被覆盖率明显增加[2]。

桫椤观测样地（王伟 / 摄）

在此基础上，评估组还建议赤水桫椤保护区加强信息化成果的应用，进一步开展对主要保护对象变化情况的动态监测和保护成效评估工作，推动科研工作与保护管理目标的有机结合，如开展旅游活动对主要保护对象桫椤的影响研究等。

以村民为主体建立生态保护协会

赤水桫椤保护区不断通过博物馆、自然教育课堂基地、社区管理宣传等途径开展形式多样的科普宣教工作，有效提升了保护区的社会影响力，先后获得“贵州省科普教育基地”和“全国科普教育基地”称号。

与此同时，赤水桫椤保护区引导村民积极参与保护区的日常保护工作，建立了以村民为主体的天堂村自然生态保护协会。该协会通过组建理事会，与保护区管理局形成了有效的协调管控模式，具体工作如下：①宣传与生态保护相关的法律法规，提高会员保护生态环境和资源的意识；②布置和检查森林防火工作；③研究并处理乱砍滥伐林木、捕杀野生动物、野外用火等违规行为；④每年召开1～2次全体会员会议，安排总体工作，对保护生态作出贡献的会员进行表彰奖励；⑤组织会员发展经济，提高生活质量；⑥研究会员

天堂村自然生态保护协会（王伟 / 摄）

技术培训、项目引进、公益事业建设等重大问题。此外，社区居民也依托中国丹霞赤水世界自然遗产地开设农家乐客栈，销售一些农副产品，并将收入作为其部分经济来源。

参 考 文 献

[1] 刘钦，邓洪平，李宗峰，等．贵州赤水桫椤国家级自然保护区植物群落特征 [J]. 北京林业大学学报，2019，41（1）：19-31.
[2] 翁涛，黄文琥，张静，等．基于遥感指数的赤水桫椤保护区保护成效研究 [J]. 环保科技，2018，24（5）：11-16，29.

常绿落叶阔叶混交林景观（江西武夷山国家级自然保护区管理局/供图）

案例7

江西武夷山国家级自然保护区：

借助“一区一法”实现高水平建设管理

刘方正　陈念念

武夷山是一座具有地学典型代表意义的天下名山，也是全球生物多样性保护的关键区域。东北—西南走向的武夷山山脊两侧分别建有江西武夷山和福建武夷山2处国家级自然保护区。江西武夷山国家级自然保护区（以下简称江西武夷山保护区）位于江西省上饶市铅（yán）山县南部、武夷山山脉北段依临主峰黄岗山（海拔2 160.8 m）的西北坡，海拔高程介于300～2 160.8 m，区内有海拔2 000 m以上的山峰6座，是我国东南陆域最高的自然保护区。

江西武夷山保护区面积为1.6万hm^2，有中国东南大陆面积最大、最为完整的中亚热带森林生态系统，也是目前世界同纬度带保存最完整的中亚热带森林生态系统。江西武夷山保护区生物资源十分丰富，以占江西1‰的国土面积保存了江西50%以上的高等植物、60%以上的脊椎动物遗传基因。江西武夷山保护区已记录的

典型植被垂直带谱：山顶灌丛草甸 – 落叶阔叶林 – 针阔混交林
（江西武夷山国家级自然保护区管理局 / 供图）

高等植物有2 840种，其中，国家一级保护植物3种，二级保护植物21种；无脊椎动物有1 487种（昆虫1 422种、其他65种）、脊椎动物有558种（淡水鱼类55种、两栖类33种、爬行类65种、鸟类327种、兽类78种），其中，一级保护动物9种、二级保护动物50种。

江西武夷山保护区建于1981年，2002年经国务院批准晋升为国家级自然保护区，同年设立江西武夷山国家级自然保护区管理局。2017年7月，江西武夷山在第41届联合国教科文组织世界遗产委员会会议上，被成功列入世界文化与自然双遗产名录*，成为全国第5个、江西省首个成功列入世界文化与自然双遗产名录的遗产地。

专栏

黄岗山“三宝”
——具有全球保护意义的代表物种

由于武夷山地区躲过了第四纪冰川的侵袭，红豆杉（*Taxus wallichiana* var. *chinensis*）、鹅掌楸（*Liriodendron chinense*）、木莲（*Manglietia fordiana*）等50多种古生代树种得以幸存。武夷山是中国东南地区最杰出的生物多样性保护区域，成为大量古老孑遗植物、中国特有植物的“避难所”。

黄腹角雉（*Tragopan caboti*），堪称“鸟中熊猫”，为中国特有物种，国家一级保护动物。目前，黄腹角雉在江西武夷山保护区内的野生种群数

黄岗山“三宝”之黄腹角雉（江西武夷山国家级自然保护区管理局/供图）

---

* 福建武夷山于1999年被列入世界文化与自然双遗产名录，此次江西武夷山是通过遗产地边界调整的方式列入的，以进一步加强遗产地自然价值的完整性。

量占全球野生种群数量的12%以上，从而使江西武夷山成为学术界公认的模式标本产地。2009年，中国野生动物保护协会授予江西武夷山保护区所在的铅山县“中国黄腹角雉之乡”的称号。

黑麂（*Muntiacus crinifrons*），是世界上最为珍稀的鹿科动物，为中国特有物种、国家一级保护动物，局限分布于江西、福建、浙江、安徽四省的交界区域。2011年4月，江西武夷山保护区科研人员在黄岗山山顶附近利用红外相机拍摄到成年野生黑麂两只，这是江西省目前首次拍到的野生黑麂照片，十分珍贵。

南方铁杉（*Tsuga chinensis* var. *tchekiangensis*），为中国特有种、第三纪孑遗植物。在江西武夷山保护区内保存有面积达1 560 hm^{2}的南方铁杉群落，其中连片分布面积达400余 hm^2，平均树龄300年，实属国内罕见。

黄岗山“三宝”之黑麂（江西武夷山国家级自然保护区管理局/供图）

黄岗山“三宝”之南方铁杉（江西武夷山国家级自然保护区管理局/供图）

2018年4月，评估组来到江西武夷山保护区，实地考察了保护区的核心生境以及管护站点、哨卡等设施，查阅了相关档案资料，与保护区管理机构和社区代表进行了座谈。经过充分讨论，评估组认为，江西武夷山保护区在以下3个方面取得了突出成绩：①2016年颁布了《江西武夷山国家级自然保护区条例》，使“一区一法”建设取得重大突破，为保护区建设管理提供了法律保障；②围绕黄腹角雉和南方铁杉等主要保护对象开展了长期有效的监测工作，档案管理规范，科研监测能力有效提升；③面向青少年和当地社区开展了形式多样的宣传教育活动，产生了积极的社会影响。

借助“一区一法”实现高水平建设管理

为加强江西武夷山保护区的管理、保护珍稀濒危野生动植物种群及其栖息地，2016年4月1日，江西省第十二届人民代表大会常务委员会第二十四次会议通过了《江西武夷山国家级自然保护区条例》（以下简称《条例》）。该条例是江西省首部自然保护区管理地方法规，为自然保护区的保护、管理、执法及利用等提供了重要的法律依据。《条例》同样适用于江西省内的马头山、九连山、官山、九岭山4处国家级自然保护区的管理工作。

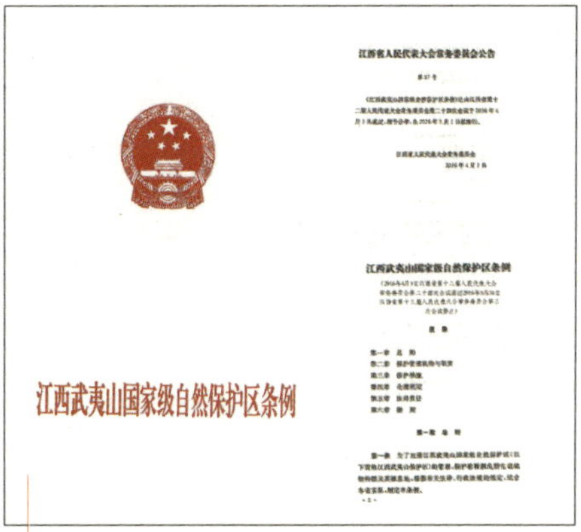

《江西武夷山国家级自然保护区条例》于2016年5月1日起实施

通过《条例》的实施，江西武夷

保护区内的界碑、标识牌（刘方正 / 摄）

山保护区在规范化建设方面取得了显著进展，保护区管理的基础信息更加清晰明确。评估中发现，江西武夷山国家级自然保护区管理局清晰掌握了保护区范围内涉及的林地权属、范围、面积和界线，采集了GPS拐点坐标，使功能区划和范围更加明确；4处管护站的管护辖区划分清晰；基础管护设施，如界碑、界桩、标识牌等充足，且维护较好；对资源本底情况的管理逐渐实现了图件化，各种专题图件种类细致完善，并绘制有林地权属分布图、管理站辖区图、珍稀濒危野生动植物分布图、生态环境与资源监测分布图、巡护路线图、森林防火管控等级区划图、林业有害生物巡查监测路线图等。

与2008年开展的管理评估工作得出的结论相比，江西武夷山保护区管理机构的人员结构日趋合理、科研和监测能力显著提高，尤其是在黄腹角雉的研究和保护、生态系统的修复和维护、人类活动的管控等方面取得了明显成效。

科研监测和成果管理规范

按照《条例》第十六条的规定，江西武夷山保护区在黄腹角雉、黑麂、南方铁杉等珍稀濒危野生动植物集中分布地域，典型植被群落所在地域建设了适当数量的固定样线、固定样地、站位断面和永久性生态定位监测站，开展了定期调查和监测；生态系统、植被和珍稀濒危物种分布数据库及监测档案建设规范。

江西武夷山保护区开展了以黄腹角雉为代表的鸟类资源调查与监测、以黑麂为代表的大中型兽类资源调查与监测，以及以南方铁杉林为代表的中山原始林大样地监测，与中国科学院动物研究所、北京师范大学等国内40余家科研单位、高校建立了密切的合作关系。自2008年开展首次评估以来，江西武夷山保护区的技术人员单独或作为主要完成人在《生态学报》《动物学杂志》《兽类学报》等报刊发表科技论文100余篇，在科学出版社出版专著1部，相关成果被郑光美院士主编的《中国鸟类分类与分布名录（第三版）》《中国雉类》等专著采用，获得江西省科技进步二等奖1项。对黄腹角雉的研究表明，江西武夷山保护区内有目前国内最大的黄腹角雉野生种群，是我国对该物种进行保护的关键区域。

江西武夷山保护区开展的部分科研项目及成果

项目	科研成果
黄腹角雉等濒危雉类资源调查与研究	论文9篇、专著1部
黑麂等兽类资源调查与研究	论文2篇
南方铁杉资源调查与研究	论文6篇
赤尾噪鹛指名亚种濒危状况研究	论文2篇
药用植物资源调查与研究	论文2篇、专著1部

部分科研成果（江西武夷山国家级自然保护区管理局/供图）

专栏

宣教场馆内一幅画作背后的故事

在江西武夷山保护区的宣教场馆中有一幅《芙蓉锦鸡图》，该画作是宋朝第八位皇帝宋徽宗赵佶（1082—1135年）所作。赵佶的艺术造诣非常高，使宋朝在书法和绘画方面获得了空前发展。他自创的书法被后人称为"瘦金体"，他的花鸟画自成"院体"。《芙蓉锦鸡图》采用重彩工笔技法，画面以锦鸡、花蝶和芙蓉花为内容。锦鸡飞临花头，压弯了花枝，彩蝶在四周翩翩飞舞，动中有静，静中有动。画作借用鸡这一"德禽"流露出宋徽宗对安逸高贵之品格的赞许和对大臣的要求，也体现了中国花鸟画的人文寓意。

宋徽宗 《芙蓉锦鸡图》

当然，这幅画作之所以出现在江西武夷山保护区的宣教场馆，并不是源于其艺术性。那么，这幅《芙蓉锦鸡图》还有什么故事呢？

让我们仔细来看画作中的这只锦鸡：它的头顶羽毛为金黄色，脖颈羽毛为白色覆瓦状，腹部羽毛为红色，兼具了白腹锦鸡（*Chrysolophus amherstiae*）和红腹锦鸡（*Chrysolophus pictus*）的特征。考虑到白腹锦鸡和红腹锦鸡在野外和圈养下都有杂交记录，我国科学家对照相关资料和新近采集的照片证实了画作中的锦鸡是一个杂交个体，而且还是距今约900年前的杂交个体。2016年，中国科学院昆明动物研究所的张亚平和杨晓君研究团队将这一发现发表在国际鸟类学期刊*Ibis*上。

在鸟类中，杂交是比较常见的。这幅画作记录了两种锦鸡的杂交结果，成为一幅具有重要生物学研究意义的作品。不难想到的是，是否还有更多这样的作品等待我们去发掘和研究呢？江西武夷山保护区是鸟类的天堂，这幅兼具艺术性和科学性的画作带领我们穿越了时空，领悟到生命演化的神奇。

附：

江西武夷山国家级自然保护区条例

（2016年4月1日，江西省第十二届人民代表大会常务委员会第二十四次会议通过；2018年5月31日，江西省第十三届人民代表大会常务委员会第三次会议修正）

第一章　总　则

第一条　为了加强江西武夷山国家级自然保护区（以下简称江西武夷山保护区）的管理，保护珍稀濒危野生动植物种群及其栖息地，根据有关法律、行政法规的规定，结合本省实际，制定本条例。

第二条　江西武夷山保护区属森林生态系统类型自然保护区，位于上饶市铅山县境内，地理位置介于东经117°39′30″～117°55′47″、北纬27°48′11″～28°00′35″之间，面积16 007公顷。江西武夷山保护区的具体范围、界线和功能分区以国务院批准的文件为准。

第三条　江西武夷山保护区按功能划分为核心区、缓冲区和实验区。江西武夷山保护区管理机构应当在核心区、缓冲区和实验区的界线上设立界碑、界桩等界标。

第四条　江西武夷山保护区的保护、管理和利用，适用本条例。

第五条　江西武夷山保护区的保护和管理应当坚持全面规划、严格保护、科学管理、合理利用、持续发展的原则。

第六条　省人民政府应当制定并组织实施有利于江西武夷山保护区保护和建设的政策措施，将保护、建设、管理经费纳入财政预算。

铅山县人民政府可以根据保护和管理的需要，对江西武夷山保护区所在地乡镇建立有利于生态保护的考核评价机制。

第七条　江西武夷山保护区管理机构依法接受的国内外组织和个人的捐赠，用于江西武夷山保护区的保护。

第八条　对于江西武夷山保护区内自然资源和自然环境，任何单位和个人都有保护的义务，并有权对破坏、侵占江西武夷山保护区的行为进行检举、控告。

第二章　保护管理机构与职责

第九条　省人民政府林业主管部门主管江西武夷山保护区的工作，江西武夷山保护区管理机构具体负责保护和管理工作。

第十条　江西武夷山保护区管理机构的主要职责是：

（一）宣传贯彻有关法律、法规、规章和政策；

（二）编制江西武夷山保护区总体规划及其专项规划，在征求所在地县级以上人民政府意见后按程序报批，并组织实施；

（三）组织开展江西武夷山保护区内资源调查和环境监测，建立江西武夷山保护区自然资源档案；

（四）开展与江西武夷山保护区相关的科学研究、科学知识普及和宣传教育活动；

（五）组织开展江西武夷山保护区的规范化建设；

（六）对江西武夷山保护区内的生产、旅游、经营等活动进行监督管理；

（七）依法查处破坏江西武夷山保护区内自然资源、自然环境、保护管理设施的违法行为；

（八）法律、法规规定的其他职责。

第十一条　江西武夷山保护区管理机构依法报经批准，可以在进出江西武夷山保护区的主要路口设立资源保护检查站。

资源保护检查站负责对运输进出江西武夷山保护区的动植物及其制品、动植物及其制品的检疫证和相关审批文件进行查验；对违法携带火种进入江西武夷山保护区等行为依法进行查处。

第十二条　江西武夷山保护区所在地县级以上人民政府林业、环境保护、发展改革、财政、交通运输、国土资源、住房和城乡建设、农业、水利、旅游、科学技术、公安、出入境检验检疫等有关部门，应当按照各自职责，做好江西武夷山保护区保护和管理相关工作。

江西武夷山保护区所在地县级以上人民政府应当组织协调有关部门和单位，按照各自职责，做好江西武夷山保护区的保护和管理相关工作。

第十三条　省森林公安机关应当根据需要在江西武夷山保护区设立派出机构，依法查处破坏江西武夷山保护区自然资源和财物的违法犯罪行为。

第十四条　省人民政府林业主管部门组织协调上饶市、铅山县人民政府及其有关部门、江西武夷山保护区管理机构、武夷山镇和篁碧畲族乡人民政府等有关单位，建立健全江西武夷山保护区联合保护机制，制定保护公约，开展宣传教育，落实保护责任，协调做好森林防火、林地管理、林业有害生物防治等保护和管理工作。

第三章　保护措施

第十五条　江西武夷山保护区面积、功能分区、界线和江西武夷山保护区总体规划及其专项规划，是江西武夷山保护区保护和管理的依据，不得擅自改变；确需改变的，应当报原批准机关批准。江西武夷山保护区的自然资源和自然环境，应当严格按照江西武夷山保护区的性质、范围、功能分区和总体规划进行保护。

江西武夷山保护区所在地镇、乡、村规划的编制，应当与江西武夷山保护区总体规划相衔接，并书面征求江西武夷山保护区管理机构的意见。

第十六条　江西武夷山保护区管理机构应当按照国家规定，完善江西武夷山保护区生态和资源监测体系，在江西武夷山保护区内的黄腹角雉、黑麂、南方铁杉等珍稀濒危野生动植物集中分布地域、典型植被群落所在地域，建设适当数量的固定样线、固定样地、站位断面或者永久性生态定位监测站，定期开展调查和监测，并建立江西武夷山保护区生态系统、植被和珍稀濒危物种分布数据库和监测档案；定期对江西武夷山保护区内生物多样性状况和保护成效进行评价，并根据评价结果，调整、完善保护和管理措施。

第十七条　核心区内，除依法履行保护、管理职责和经依法批准从事科学研究的人员外，禁止任何单位和个人进入。

第十八条　缓冲区内，除经依法批准从事科学研究、教学实习、调查观测和采集标本活动外，禁止任何形式的旅游、野外登山、探险、宿营和生产经营活动。

第十九条　实验区内，经依法批准可以从事科学研究、教学实习、参观考察、旅游以及驯化、繁殖繁育珍稀濒危野生动植物等活动。

第二十条　进入自然保护区内从事相关活动的单位和个人，应当按照《中华人民共和国自然保护区条例》的规定，事先向江西武夷山保护区管理机构提交书面申请，并经自然保护区管理机构批准；其中，进入自然保护区核心区的，应当经省人民政府林业主管部门批准。

书面申请应当包括活动的时间、人员、地点、内容、方式、安全措施等。江西武夷山保护区管理机构应当自收到书面申请之日起三个工作日内予以批准或者报请省人民政府林业主管部门批准。予以批准的，告知铅山县人民政府林业主管部门；不予批准的，应当书面说明理由。

第二十一条　在江西武夷山保护区内开展科学研究、调查观测、教学实习以及采集野生动植物标本等活动的，应当及时清理活动产生的垃圾，并向江西武夷山保护区管理机构提交活动成果副本。

第二十二条　江西武夷山保护区内禁止下列行为：

（一）野外用火、烧荒；

（二）盗伐、滥伐、毁坏林木或者破坏植被；

（三）放牧、采挖野生植物、药材，猎捕、打捞、收购、加工利用、出售野生动物；

（四）引入生物新品种；

（五）非法开垦、开矿、采石、挖沙、取土、占地；

（六）擅自移动或者破坏界碑、界桩以及其他保护管理设施；

（七）对河流进行截流、改向、填堵或者其他改变；

（八）法律、法规禁止的其他行为。

第二十三条　任何单位和个人发现江西武夷山保护区内生病、受伤、被困的珍稀濒危野生动物，都有救护和及时报告江西武夷山保护区管理机构或者当地人民政府的义务。

第二十四条　江西武夷山保护区内，江西武夷山保护区管理机构可以与由其使用、管理的森林、林木、林地之外的其他所有者或者使用者签订保护协议，按照江西武夷山保护区林地的功能，约定林地使用方向、林木保护方式。

省人民政府可以对江西武夷山保护区内由江西武夷山保护区管理机构使用、管理之外的森林、林木、林地，采取依法划拨、征收、征用、租赁及股份合作等方式，加强江西武夷山保护区内森林、林木、林地的保护和管理。

第二十五条　铅山县人民政府应当会同江西武夷山保护区管理机构加强对江西武夷山保护区内人口的管理，除因婚姻、收养关系外，严禁江西武夷山保护区以外人员迁入江西武夷山保护区。

江西武夷山保护区所在地人民政府应当结合生态移民，在尊重居民意愿的基础上，有计划地安排江西武夷山保护区内原有居民逐步迁出，对外迁的居民依法给予安置或者补偿。

江西武夷山保护区内的单位、居民和进入江西武夷山保护区的人员，应当严格遵守江西武夷山保护区的管理制度。

第二十六条　铅山县人民政府应当加强江西武夷山保护区的森林防火工作，将江西武夷山保护区管理机构列为本级森林防火指挥机构成员单位，并将江西武夷山保护区森林防火纳入本级森林防火规划，加强对江西武夷山保护区森林防火工作的监督管理。

江西武夷山保护区管理机构负责江西武夷山保护区森林防火监测预警预报、巡护检查、火险监控等日常预防和监督管理工作。

第二十七条　江西武夷山保护区管理机构应当建立健全防护措施，做好外来物种入侵防控工作，并加强动植物疫源疫病的监测，严格按程序处置、报告疫情，严防动植物疫源体输入输出江西武夷山保护区。

第二十八条　江西武夷山保护区内村（居）民委员会应当配合所在地人民政府，做好森林防火和林业有害生物防控工作。

森林、林木和林地的经营单位和个人，在其经营范围内依法做好森林防火和林业有害生物防控工作。

第四章　合理利用

第二十九条　江西武夷山保护区自然资源的开发利用，应当服从保护的要求，并符合江西武夷山保护区总体规划及其专项规划。

第三十条　在自然保护区的核心区内，不得建设任何设施。

缓冲区内不得建设任何生产设施。严格控制科研监测及保护设施建设。确需建设野外观测站、样线样地、巡护通道、森林防火等科研监测及保护设施的，应当依法办理相关审批手续。

实验区内严格控制建设用地。经依法批准，可以建设与保护管理、科研监测、科普教育、生态旅游等相关的设施。实验区内严格控制居民住宅建设，确需新建、改建、扩建的，其房屋选址、建筑面积、层数、污水处理设施等应当符合江西武夷山保护区总体规划，严格遵守镇、乡、村规划，并依法办理相关审批手续。

第三十一条　实验区内开展参观、旅游活动的，由江西武夷山保护区管理机构编制方案，方案应当符合自然保护区管理目标。

在自然保护区组织参观、旅游活动的，应当严格按照前款规定的方案进行，并加强管理；进入自然保护区参观、旅游的单位和个人，应当服从自然保护区管理机构的管理。

严禁开设与自然保护区保护方向不一致的参观、旅游项目。

第三十二条　江西武夷山保护区管理机构应当配合所在地人民政府，做好保护区内居民就业培训、医疗教育、生态移民等民生和基本公共服务工作，促进保护区内居民生产生活条件的改善。

第三十三条　江西武夷山保护区管理机构可以会同铅山县人民政府，根据江西武夷山保护区总体规划和江西武夷山保护区内居民生产生活状况，在实验区内划定固定的生产区域，合理安排江西武夷山保护区内的居民开展符合生态保护要求的毛竹、茶叶等生产经营活动。

省人民政府林业主管部门、江西武夷山保护区管理机构对江西武夷山保护区内的单位和个人发展生态林业，应当提供技术和信息服务，并可以给予资金扶持。

第三十四条　江西武夷山保护区内基础设施建设、资源管护、森林防火、科研监测、林产品采集加工、旅游服务、抢险救灾等需要劳动用工的，在同等条件下应当优先聘用江西武夷山保护区内的林权所有者和江西武夷山保护区内的居民。

江西武夷山保护区管理机构可以向江西武夷山保护区内的林权所有者和江西武夷山保护区内的居民购买服务。

第三十五条　江西武夷山保护区管理机构可以与高校、科研机构在森林生态系统监测、迁徙物种保护、外来物种入侵、发掘可持续利用自然资源、科技成果转化等领域开展合作研究。

第三十六条　江西武夷山保护区管理机构应当建立科普教育场馆，编制具有江西武夷山保护区特色的科普教材和视听资料，定期开展生态环境教育和科普教育活动。

第五章　法律责任

第三十七条　江西武夷山保护区管理机构和有关部门的工作人员有下列行为之一的，依法对直接负责的主管人员和直接责任人员给予处分：

（一）不执行或者擅自变更江西武夷山保护区总体规划及其专项规划的；

（二）违法批准进入江西武夷山保护区核心区、缓冲区从事相关活动，或者违法批准外国人进入自然保护区的；

（三）开展参观、旅游活动未编制方案或者编制的方案不符合自然保护区管理目标的；

（四）开设与自然保护区保护方向不一致的参观、旅游项目的；

（五）不按照编制的方案开展参观、旅游活动的；

（六）不履行本条例规定职责的；

（七）其他滥用职权、玩忽职守、徇私舞弊的。

第三十八条　违反本条例规定，在江西武夷山保护区内盗伐、滥伐、毁坏林木或者破坏植被，采挖野生植物、药材，猎捕、打捞、收购、加工利用、出售野生动物及其他破坏自然资源的，由江西武夷山保护区管理机构依照有关森林、野生动植物的法律、法规予以处罚。

第三十九条　违反本条例规定，有下列行为之一的，由江西武夷山保护区管理机构责令改正，并处三百元以上一千元以下罚款，情节严重的处一千元以上五千元以下罚款：

（一）未经批准进入核心区的；

（二）未经批准在缓冲区进行科学研究、教学实习、调查观测、采集标本等活动的；

（三）在缓冲区旅游、登山、探险、宿营和开展生产经营活动的；

（四）擅自移动或者破坏保护管理设施的。

违反前款第二项规定的，除按前款规定进行处罚外，对未经批准进行科学研究、教学实习、调查观测、采集标本所得的资料和实物予以没收。违反前款第四项规定、破坏保护管理设施的，除按前款规定进行处罚外，对造成的损失依法给予赔偿。

第四十条　违反本条例规定的其他行为，由有关行政主管部门依照相关法律、法规予以处罚；有关行政主管部门可以在其法定权限内，委托江西武夷山保护区管理机构实施行政处罚。

第四十一条　违反本条例规定、构成犯罪的，依法追究刑事责任。

第六章　附　则

第四十二条　本省的马头山、九连山、官山、九岭山国家级自然保护区，可以参照本条例执行。

第四十三条　本条例自2016年5月1日起施行。

浙江天目山国家级自然保护区（浙江天目山国家级自然保护区管理局 / 供图）

案例8

浙江天目山国家级自然保护区：

巡回法庭护古树

罗建武　冯春婷

浙江天目山国家级自然保护区（以下简称天目山保护区）地处浙江省杭州市临安区西北部、浙皖两省交界处，面积为4 284 hm^2，最高峰为天目山主峰仙人顶，海拔1 506 m，主要保护对象为生物多样性和森林生态系统。天目山保护区属中亚热带季风气候，具有典型的中亚热带森林生态系统和森林景观，拥有保护良好的常绿阔叶林和落叶阔叶林原生植被类型。天目山古名浮玉山，有东西两峰，两峰山顶各有一“天池”，长年不枯，宛若双眸仰望苍穹，故名“天目”[1]。东汉《洞渊集》称天目山为“三十四洞天，有‘双目’，左目高三千丈，右目二千五百丈，周围一百里，亦名太微元盖洞天”[2]。

天目山保护区以其丰富的生物多样性和文化多样性受到社会各界的青睐。1956年，天目山国有林场被划定为“森林禁伐区”；1986年，成为国家级自然保护区；1996年，被纳入联合国教科文组织世界生物圈保护区网络。天目山在全国的自然保护区中有着较高的知名度，被授予“全国青少年科技教育基地”和“全国科普教育基地”。独特的地形、地貌以及丰富的森林植被形成了天目山独特的复杂多变、多类型的森林生态气候。保护区内动植物种类繁多、古木葱茏，有高等植物2 160余种（其中37种以“天目”命名），包括国家重点保护植物35种；有高等动物2 274种、昆虫2 000余种，其中国家一级、二级保护动物34种，以“天目”命名的动物48种。天目山保护区是名副其实的“生物基因库”，被70余所大中院校定为教研实习基地。

天目山古树（冯春婷 / 摄）

专栏

天目山的古树

“天目山垂两乳长，龙飞凤舞到钱塘。”天目山处于温暖湿润的季风气候带，自然条件独特，生物资源极其丰富，这里的植物区系反映出古老性和多样性。进入天目山保护区，树木郁郁葱葱，层林尽染，随处可见上千年甚至上万年的树木，保护区步道两旁竖立了许多“生态物语”宣传牌和界碑。

“天目千重秀，林海十里深”，古树名木是天目山保护区的珍稀物种。据了解，天目山保护区有我国最高的金钱松（*Pseudolarix amabilis*），树高57 m；有世界上最大的古柳杉（*Cryptomeria fortunei*）群落，胸径1 m以上的古木600余棵，胸径2 m以上的柳杉19棵；还有连香树（*Cercidiphyllum japonicum*）和香果树（*Emmenopterys henryi*）等珍稀濒危树种。

关于古树，通过天目山保护区的管理人员介绍得知，西天目山存有被称为“活化石”的世界银杏（*Ginkgo biloba*）之祖、被称为大树王国的柳杉群落，同时也有世界仅有5株的天目铁木（*Ostrya rehderiana*）。林林总总的各色植物、四季如画的美丽景色吸引着众多历史名家、学者的目光，不仅形成了璀璨夺目的绿色文化、宗教文化，也留下了一些关于人和自然的传奇故事。例如，被称为“千秋树”的柳杉在这里一般都有上千年的树龄，其中位于“狮子口”上方的一棵柳杉相传曾被游览天目山的清代乾隆皇帝敕封为“大树王”。

天目山保护区的特色宣传牌（冯春婷 / 摄）

浙江天目山国家级自然保护区管理局属副区级全额拨款的事业单位，内设办公室、保护科、科研生产科、规划发展科4个职能科室，以及天目山护林防火指挥部（二级事业单位）。2018年10月，评估组来到天目山保护区，查阅了相关档案资料，并对照遥感监测结果进行了实地考察，还与保护区管理机构和社区代表进行了交流。在此基础上，评估组经充分讨论和集体协商认为，天目山保护区在各级政府和业务主管部门的高度重视和支持下，经过保护区职工的共同努力，管理工作成效显著。

生态保护成效显著

天目山保护区的森林生态系统可根据气候分布规律和森林植被垂直带谱、地形等差异分为丘陵温和层、山地温凉层、山地温冷层和山地温寒层4个森林生态垂直气候层[3]。基于遥感监测数据分析和评估组现场考察，再结合相关文献资料，评估组认为天目山保护区的重点保护对象基本稳定，保护区内森林覆盖率和质量均有所提高。近20年来，天目山保护区内整体呈现生态林面积增加和经济林面积减少的趋势，特别是近10年来，通过开展毛竹（*Phyllostachys edulis*）入侵治理等行动，保护区内的景观特征主要表现为从竹林、山核桃林、建筑用地向生态林转化，而竹林面积、斑块数量和最大斑块指数则明显下降，体现了显著的保护成效[1, 4]。随着我国华东地区经济社会的快速发展，天目山保护区的当地社区已逐渐用电能和燃气代替了传统能源（薪柴等），从而使大量次生林得以自然恢复，物种丰富度也逐渐得以提升[5]。

近10年来，通过人工繁育与原生境保护，天目铁木、羊角槭（*Acer yangjuechi*）

等珍稀濒危种群数量不断增加，天目铁木由2006年的188株增至现在的350余株，羊角槭也由2006年的106株增至现在的464株，银杏数量由244株增至262株（数据来源于天目山保护区）。自2004年，天目山保护区开始启动“天目山古柳杉群综合保护工程”，实施了每年8轮共10年的防治措施，有效地遏制了柳杉古树快速衰退的趋势。此外，天目山保护区还编写了《天目山国家级自然保护区古树名木“一树一策”保护工程实施方案》，并通过了浙江省林业局组织的专家组评审，开展了230株500年以上古树的综合救护，实施了救护工程评价技术研究。

以科研为基础，为保护区科学管理决策提供参考

天目山保护区积极搭建教研实习平台，为国内30多家主要科研单位和高等院校的研究及教学实习活动提供了持续支持，出版了有针对性的学生实习资料，发挥了宣传教育和科学研究的重要平台作用。

（1）共创科研监测平台，加强本底资源监测。2010年，天目山保护区与浙江农林大学、浙江省林业科学研究院等单位通力合作，共建天目山森林生态系统定位研究站，并以此为依托积极争取国家项目，开展天目山植被格局、过程和动态等方面的研究，培养研究生10人，全面查清了天目山植物区系特征、珍稀濒危植物分布、特有植物种群和古树名木的数量等情况。通过与国内科研和教学单位合作，先后出版了《天目山植物志》和《天目山动物志》等一系列动植物专著，发表了多篇与天目山保护区资源调查和保护密切相关的科研论文，为保护区科学管理决策提供了参考。

（2）积极开展珍稀濒危植物种群恢复工作。天目山保护区与浙江大学等10余家

天目山生态系统
（冯春婷 / 摄）

科研院所合作开展了天目铁木、羊角槭等濒危植物致危机理与种群恢复技术研究，为实施天目铁木、羊角槭、天目槭（*Acer sinopurpurascens*）的繁育和迁地保护工作打下了良好的基础。针对柳杉古树群衰退的问题，天目山保护区与华东师范大学等6家单位合作开展课题研究，掌握了天目山古柳杉种群衰退的主要原因（酸雨污染、瘿瘤病及种群遗传多样性低等），提出了有害生物防治、土壤改良、营养调控、扩大种源等古柳杉复壮的综合调控技术，有效改善了天目山古柳杉群落的健康状况。

（3）拓展科教基地开放模式，做好教学实习工作。至2017年，在天目山保护区挂牌的大专院校教学实习单位已达30个。通过与基地院校合作，先后出版了《天目山植物学实习手册》（第二版）、《天目山微生物学实习手册》和《浙江天目山昆虫实习手册》等野外教学参考资料。

《天目山植物志》

《天目山动物志》

天目山保护区宣教馆中陈列的科研合作单位标牌（冯春婷 / 摄）

天目山保护区所获奖项（冯春婷 / 摄）

天目山保护区标本室一角（冯春婷 / 摄）

区域联防，充分发挥巡回法庭的威慑作用

天目山保护区建立了公众参与、区域联防、协同保护、“圆桌夜学”、共谋发展的保护机制。一方面，通过组织区域联防实现协同保护。2006年，成立了天目山保护区社区共管委员会，由原西天目、千洪2个乡17个村及驻天目山各单位组成，制订了联合保护公约，将周边社区发展纳入天目山保护区发展规划和管理计划。另一方面，吸纳社区居民参与保护工作。优先考虑社区居民就业，聘用当地社区居民作为护林员，邀请社区居民参与天目山保护区的野生动植物保护工程并支付相应报酬。此外，还实行了与地方政府联合监管的模式，由天目山保护区管理局局长兼职天目山镇党委书记，对天目山保护区集体林区内的农民建房及生产经营活动

进行协同管理，是保护区管理机构对林地管辖权缺失的一种补充，也有利于保护区与周边社区协同作战，实现保护与发展的“共赢”。

为进一步强化生态司法保障，2017年12月，天目山保护区巡回法庭挂牌成立。以巡回法庭为平台，天目山保护区与临安区法院建立了良好的沟通联系机制，并邀请法官定期开展普法宣传、法律咨询、诉前调解、网上立案、巡回审判等工作[6]。

天目山保护区设立巡回法庭
（来源：http://www.linan.gov.cn/art/2017/12/6/art_1366281_13913600.html）

由于天目山保护区邻近上海、苏州、南京、宁波等大型城市，是长三角地区知名的旅游胜地，因此评估组建议：要进一步规范旅游活动，尤其是在节假日和旅游旺季，应科学评估旅游承载力，规范控制旅游流量，并做好防范预案；要积极争取地方政府和人民代表大会的支持，研究制定针对天目山保护区的“一区一法”等相关法规，为保护区工作增加法律保障；要加强宣教工作，规范保护区宣传，并增设警示牌、标示牌。

附：

《水经注》· 卷四十
节选

浙江又北迳新城县，桐溪水注之。水出吴兴郡於潜县北天目山。山极高峻，崖岭竦迭，西临峻涧。山上有霜木，皆是数百年树，谓之翔凤林。东面有瀑布，下注数亩深沼，名曰浣龙池。池水南流迳县西，为县之西溪。溪水又东南与紫溪合，水出县西百丈山，即潜山也。山水东南流，名为紫溪，中道夹水，有紫色盘石，石长百余丈，望之如朝霞，又名此水为赤濑，盖以倒影在水故也。紫溪又东南流迳白石山之阴，山甚峻极，北临紫溪。又东南，连山夹水，两峰交峙，反项对石，往往相捍。十余里中，积石磊砢，相挟而上。涧下白沙细石，状若霜雪。水木相映，泉石争晖，名曰楼林。

参 考 文 献

[1] 星宇 . 清凉世界，避暑胜地——临安天目山 [J]. 新农村，2010（8）: 45.

[2] 过婉珍 . 陆羽在天目山采茶品茶的背景 [J]. 农业考古，2013（5）: 199-200.

[3] 俞飞，李智勇 . 天目山自然保护区景观尺度美学质量时空变化特征探析 [J]. 中南林业科技大学学报，2019，39（2）: 79-85.

[4] 俞飞，李智勇 . 天目山林区景观格局时空变化及驱动因素分析 [J]. 浙江农林大学学报，2020，37 : 1-8.

[5] 周瑾婷 . 华东黄山山脉、天目山脉植物多样性及群落特征研究 [D]. 杭州：浙江大学，2019.

[6] 童雪丽 . 天目山国家级自然保护区巡回法庭成立 [M] // 方英儿，王飞熊，刘金炎 . 临安年鉴 . 郑州：中州古籍出版社，2018.

梵天净土（贵州梵净山国家级自然保护区管理局 / 供图）

案例9

贵州梵净山国家级自然保护区：以科研指导保护管理

王　伟　周　越　冯春婷

贵州梵净山国家级自然保护区（以下简称梵净山保护区）位于贵州省东北部铜仁市的江口、印江、松桃三县交界处，地处云贵高原东部边缘向湘西低山丘陵过渡的大斜坡地带，即中国阶梯地势第二级与第三级的过渡地区，属东亚季风气候区，具有明显的中亚热带季风山地湿润气候特征。梵净山是横亘于贵州、重庆、湖南、湖北四省（市）的武陵山脉的最高主峰，最高峰凤凰山海拔2 570.5 m。梵净山保护区的总面积为42 863 hm^2，主要保护对象为黔金丝猴（*Rhinopithecus brelichi*）、珙桐（*Davidia involucrata*）、梵净山冷杉（*Abies fanjingshanensis*）等珍稀濒危动植物和中亚热带森林生态系统。由于地形复杂、生态环境多样，梵净山保护区形成了复杂的森林生态系统和丰富的特有物种，其中，中国特有属18个、以梵净山为模式产地的动植物181种。

梵净山得名于"梵天净土"，不仅生物多样性丰富，也是我国西南地区一座具有2 000多年历史的佛教圣地和文化名山，自古素有"崔嵬不减五岳，灵异足播千秋"之称。梵净山保护区是1978年批准建立的贵州省第一个自然保护区，1986年经国务院批准晋升为国家级自然保护区，同年加入联合国教科文组织世界生物圈保护区网络，2018年被列入联合国教科文组织世界自然遗产名录。贵州梵净山国家级自然保护区管理局为正处级全额拨款事业单位，由贵州省林业局和铜仁市政府共同管理，实行局、总站和管理站三级管理体系，内设办公室、人事科、计财科、林政科、科教科、法制科、森防办、社区协调科、保护区森林公安分局9个科室，下设3个管理总站、9个管理站。梵净山保护区现有编制88个，其中政法编制31个、事业编制57个，在职职工86人。

2018年12月，评估组冒着冬日冰雪来到梵净山保护区。通过遥感数据分析、无人机监测和实地考察，结合查阅的相关档案资料，以及与保护区管理机构和社区

梵净山常绿阔叶林（2017 年 4 月，王伟 / 摄）

梵净山常绿阔叶林（黑白世界，2018 年 12 月，胡世学 / 摄）

代表进行的广泛交流，评估组一致认为，梵净山保护区经过保护区管理人员的共同努力取得了不错的成绩。

科研工作富有特色

多年来，梵净山保护区十分重视科研工作，始终将其作为保护区的重要任务来抓，科研队伍不断扩大和加强，科研内容不断深入，在自然资源保护研究方面取得了大量的成绩。从《贵州梵净山国家级自然保护区总体规划（2011—2020）》的规划目标就可以看出梵净山保护区把科研工作放在了极其重要的位置：近期目标

梵天之光（周越/摄）

（2011—2015年）为“本着先急后缓，高标准、高起点的原则，在已有建设项目的基础上，结合国家示范自然保护区的标准和要求，考虑气候变化的新形势，建设比较完备的基础设施和保护管理体系，形成适度规模的科研教育基地和生态旅游基地”；中长期目标（2016—2020年）为“进一步完善基础设施及辅助配套设施建设和标准，使之满足保护区科研、宣教工作和对外交流工作的需要；集保护、科研、宣教和利用于一体，设施完备、管理规范、功能齐全，实现自然保护区的资源保护数字化和科研监测信息化”。总体来看，梵净山保护区按照总体规划的安排基本完成了近10年所设定的目标。

珙桐（贵州梵净山国家级自然保护区管理局 / 供图）

近年来，梵净山保护区按照以科研为纲的目标，与国内外合作开展了多项生物多样性监测及研究，包括对主要保护对象水青冈（*Fagus longipetiolata*）、珙桐、梵净山冷杉等植物群落的长期监测，以及对气象、水质等相关生态环境本底情况的系统监测，并自筹资金开展了第二次本底调查及对黔金丝猴种群数量的动态监测，其成效显著。2012年以来，先后出版了多项保护区综合科考和专项调查相关成果，如《梵净山药用植物》（上下卷）、《梵净山苔藓》（上下卷）、《梵净山蕨类植物》、《梵净山鸟类》和《梵净山两栖爬行动物》等专著。此外，还发表了200余篇论文，引进了13项国外智力项目。

这些科学研究和调查工作为梵净山保护区的科学化、规范化管理提供了依据，有力地推动了保护区事业的发展。近年来，梵净山保护区共发表种子植物新物种5个、中国新记录种2个、中国大陆新记录种1个、贵州植物新分布记录25科52属123种，组织完成的科研项目先后获国家、省科技进步奖8项。

黔金丝猴（贵州梵净山国家级自然保护区管理局 / 供图）

保护成效显著

梵净山保护区的主要保护对象十分明确，为黔金丝猴、梵净山冷杉、珙桐等珍稀濒危动植物和原始亚热带森林生态系统。2018年，在中国科学院野外台站联盟项目的支持下，中国科学院西双版纳热带植物园、中国环境科学研究院和贵州大学等单位联合开展了梵净山保护区的保护成效评估研究。总体来看，梵净山保护区的森林覆盖率明显提高，黔金丝猴种群数量基本保持稳定，梵净山冷杉、珙桐等植物群落的分布范围稳定并有潜在增加的趋势[1]。

梵净山保护区的相对高差达2 000 m以上，区内具有中亚热带森林生态系统景观，体现了鲜明的植被垂直带谱特征：海拔1 300 m以下为常绿阔叶林带，海拔1 300～2 200 m为常绿阔叶混交林带，海拔2 200 m以上为亚热带高山针阔混交林和灌丛草甸带。利用遥感影像数据分析梵净山保护区2000—2016年的土地利用变化情况可以看出，保护区林地面积占比维持在88%以上，基本呈现逐年增加的趋势，由2000年的88.45%增至2016年的95.82%，而农业耕地面积、建设用地面积、裸地面积均呈现逐年减少的趋势。总体来看，梵净山亚热带湿润区山地森林生态系统具有很好的抵抗力和恢复力，在区域生态系统稳定方面发挥着重要的调节作用。

黔金丝猴是我国一级保护动物，被世界自然保护联盟（IUCN）濒危物种红色名录列为濒危（Endangered，EN）等级，目前仅分布在梵净山保护区内。据2017年报道的调查数据，梵净山保护区估计有661～710只黔金丝猴，结合2004年报道的数据，保护区内的黔金丝猴种群数量基本保持在700只左右的稳定水平[2]。

梵净山保护区拥有我国最大的珙桐分布区，而贵州特有的梵净山冷杉也仅存于梵净山东北坡的亚高山暗针叶林中。相关研究显示，梵净山保护区内珙桐和梵净山

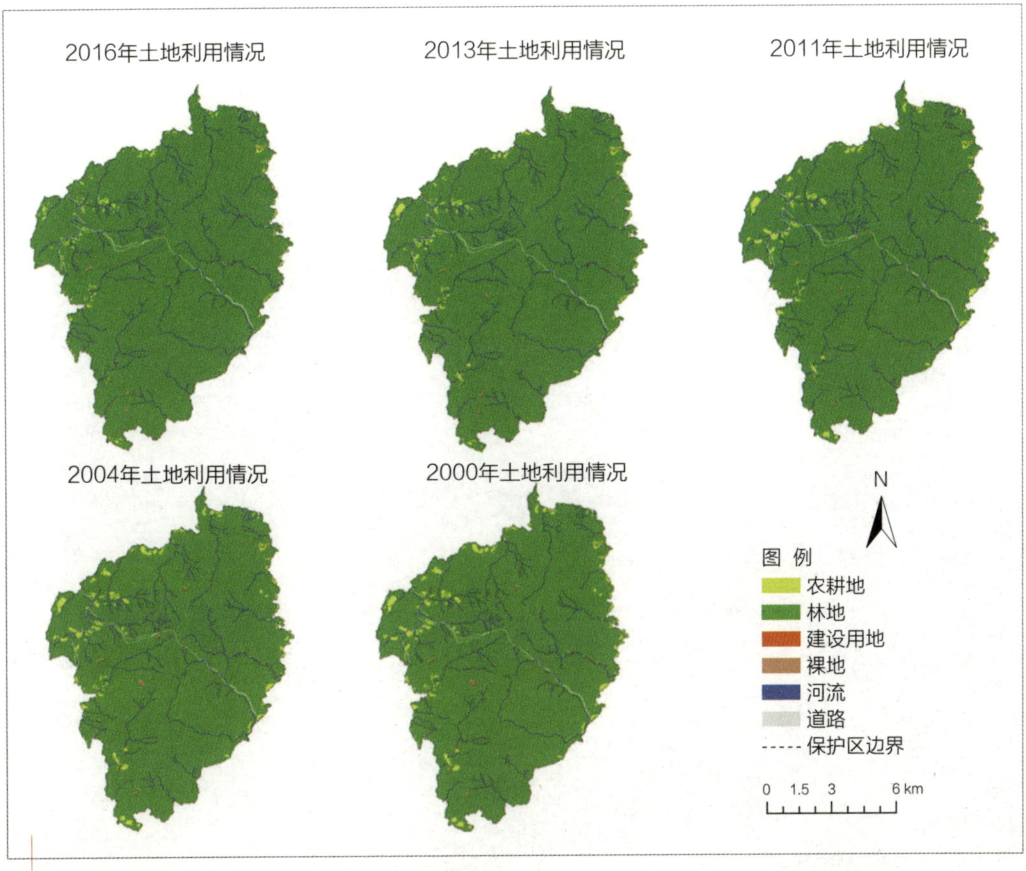

梵净山保护区土地利用变化情况（冯春婷 / 制图）

冷杉群落的平均胸径、蓄积量和生物量等指标均呈现逐渐上升的趋势[1]。梵净山保护区的调查数据也显示，除已知的分布区域外，珙桐又在保护区范围内的其他分布点被发现，而梵净山冷杉的种群也略呈增长趋势。

梵净山冷杉（贵州梵净山国家级自然保护区管理局 / 供图）

管理体制完整有效

梵净山保护区建立了完整的局、总站和管理站三级管理体系。管理局下设3个管理总站（黑湾河管理总站、闵孝管理总站、印江管理总站），管理总站共下设9个管理站（金厂、芙蓉、张家坝、坝溪、徐家沟、高峰、平定、河口、冷家坝）。2018年8月，铜仁市第二届人民代表大会常务委员会第十三次会议通过了《铜仁市梵净山保护条例》，为加强梵净山的生态环境、自然资源和生物多样性保护提供了有力保障。

热烈祝贺梵净山成功列入世界自然遗产名录

首页 > 新闻 > 本市要闻

《铜仁市梵净山保护条例》于1月1日正式施行

2019-01-01 09:39 来源：铜仁网 投稿：trwz001@126.com 打印

梵净山位于江口县、印江自治县、松桃自治县交界处，是世界自然遗产、世界生物圈保护区、国家级自然保护区、国家AAAA级旅游景区、中国十大避暑名山、中国著名的弥勒菩萨道场，其森林覆盖率为95%。制定《铜仁市梵净山保护条例》是为了进一步加强对世界遗产地梵净山自然生态资源的保护，形成监管合力，杜绝乱搭乱建、滥伐林木、猎捕野生动物、游客破坏资源与环境等行为。主要旨在加强梵净山生态环境、自然资源和生物多样性保护。

《条例》分六章共四十四条，条例对违法行为将处以最高20万元罚款，并依法追究相关责任。《条例》中所称梵净山，是指梵净山世界自然遗产保护范围，包括梵净山国家级自然保护区和与其相邻的印江洋溪省级自然保护区、梵净山——太平河省级风景名胜区、印江木黄省级风景名胜区部分区域及其他区域。

《铜仁市梵净山保护条例》于2018年8月30日由铜仁市第二届人民代表大会常务委员会第十三次会议通过，2018年9月20日经贵州省第十三届人民代表大会常务委员会第五次会议批准公布，自2019年1月1日起施行。（王羽鑫）

责任编辑：杨华

网友评论

《铜仁市梵净山保护条例》正式施行
（来源：http://www.tongren.gov.cn/2019/0101/173369.shtml）

此外，梵净山保护区还与国内外有关机构开展了广泛的合作宣传，提升了周边群众的保护意识。基于梵净山保护区良好的知名度和影响力，2013年7月成立了“小小绿卫兵”俱乐部，来自美国、意大利、新加坡等国的志愿者通过俱乐部的一系列暑期互动活动，与梵净山周边的凯文小学和桃花源小学的学生共同进行了野生动物保护意识教育。梵净山保护区还与英国驻重庆总领事馆进行合作，开展了“贵州省物种保护教育”项目，出版发行了贵州省首部少年儿童野生动物读本《星达野

梵净山全景（周越/无人机摄）

生动物寻访记》，并获得广泛好评。

鉴于2018年梵净山申遗成功，未来对公众的吸引力将会进一步提升，因此评估组建议，梵净山保护区要坚持保护优先的原则，科学确定旅游容量和游客数量，协调好经济发展与保护的关系。此外，还应加快推进信息化建设工作，实现数据共享，进一步发挥科研监测的作用，有效提升管护效率。

附：

自然保护区的科研工作到底应该怎样开展？

王　伟

是否需要保护区自己来培养一支科研队伍，申请自然基金、国家项目，发表文章、出版专著，培养一批研究员、博士、硕士呢？这是很多自然保护区都在思考的问题。

2017年4月，我有幸参加了在贵州梵净山培训基地举办的“世界生物圈保护区（中国）传播力培训班”。通过与梵净山保护区相关工作人员的交流，我或许找到了答案。

一是梵净山保护区重视科研，并反过来为管理服务。梵净山保护区的工作人员提出下一步希望尝试通过水中的环境DNA测定来进行水生生物的调查监测，也就是计划开展基于DNA条形编码的物种鉴定技术的实际应用。由此可以看出，自然保护区的科研工作只有由保护区工作人员根据自身需求提出来，才能更好地将最新的技术应用到实际工作中。

二是梵净山保护区打造了一个开放的平台。梵净山保护区一方面引进高学历人才，另一方面也鼓励自己的工作人员去进修，研读在职学位。这一点与我前几年曾去过的广西雅长兰科植物保护区有相近之处。或许会有很多人在研究生毕业后不愿再回到保护区工作，但梵净山保护区对此却秉持开放的态度。梧桐花开，凤凰自来。如果心已经不在保护区，那么再强留下来也没有什么意义了。

三是梵净山保护区的同志们能够静心潜修。在与梵净山保护区工作人员的交流中，有的同志会主动来了解我们正在进行的科研项目，这说明他们已经形成了一种良好的科研习惯，而保护区的“梵天净土”也确实适合有志于此的人静下心来思考人生。在这样的平台中，培养出中国人与生物圈国家委员会“青年科学奖”人才也是顺理成章的吧。

世界生物圈保护区（中国）传播力培训班（王伟 / 摄）

中国人与生物圈国家委员会主席许智宏院士向“青年科学奖”获奖者颁发奖杯
（中国人与生物圈国家委员会秘书处 / 供图）

参 考 文 献

[1] 梵净山国家级自然保护区保护成效评估报告 [R]. 贵阳：贵州大学，2019.

[2] 郭艳清，周俊，宋先华，等 . 贵州省梵净山自然保护区黔金丝猴的种群数量 [J]. 兽类学报，2017，37（1）：104-108.

九连山主峰黄牛石日出（江西九连山国家级自然保护区管理局 / 供图）

案例10

江西九连山国家级自然保护区：以评促建，多措并举出成效

刘方正

江西九连山国家级自然保护区（以下简称九连山保护区）位于江西省龙南县，属南岭东部核心地段，为森林生态系统类型保护区。九连山保护区总面积为13 411.6 hm^2，区内保存有典型的低纬度、低海拔原生性亚热带常绿阔叶林生态系统，属中亚热带湿润常绿阔叶林与南亚热带季风常绿阔叶林过渡地带，具有丰富的生物多样性和重要的科研与保护价值。

九连山保护区建于1975年，时称九连山树木保护区，是江西省建立最早的保护区之一。1981年，九连山保护区被划为省级自然保护区；1995年，加入中国生物圈保护区网络；2003年，晋升为国家级自然保护区；2014年，加入中国森林生态系统定位研究网络，成为我国森林生态系统第89号生态定位研究站。

常绿阔叶林（江西九连山国家级自然保护区管理局/供图）

九连山保护区的管理机构为江西九连山国家级自然保护区管理局，属江西省林业局直属正处级事业单位。管理局内设办公室、资源保护科、社区事务科、科研管理科，下设黄牛石、大丘田、润洞、花露和虾公塘生态定位研究站，核定编制人员55人，现有在职干部职工51人，其中具有高级职称人员6人（含教授级高工1人）、研究生学历4人、本科学历25人。

森林生态系统（王伟 / 无人机摄）

九连山保护区 1975 年的办公旧址虾公塘（江西九连山国家级自然保护区管理局 / 供图）

2018年3月，评估组来到九连山保护区。通过评估认为，九连山保护区自2008年的管理评估工作之后，积极作为，成效显著：①按照2008年评估反馈的相关问题与建议，完善了标本馆的建立和管理，推动了与当地政府的密切联系；②保护区员工的工作精神面貌积极向上，富有主人翁精神，人才培养卓有成效，对新技术、新知识的接受和运用能力较强；③制定了业务科室的定量化绩效考核制度，激励了员工工作的积极性；④与相关科研院所和大专院校共同开展了长期的生态环境和森林样地监测工作，建立了监测数据的管理平台。

在2008年开展管理评估时，九连山保护区的评估等级为“良”。结果发布后，保护区领导班子对照评估结果以评促建，提出了“保护立区、科研兴区、人才强区、文化靓区”的建设管理思路，多措并举开展建设管理。经过10多年的不懈努力，九连山保护区在此次长江经济带120处国家级自然保护区评估中位列前十。近年来，该保护区还获得了“全国林业科普基地”“中国最美森林”“中国森林氧吧”“全国第二批自然教育学校（基地）”“江西省首批中小学生研学实践教育基地”等荣誉称号。

在实地考察和交流的过程中，九连山保护区持续开展的科研和监测工作给评估组留下了深刻印象。在九连山保护区的评估过程中，整个探访路径也就是监测数据自动上报的路径。

评估组首先前往的是九连山保护区润洞管护站。在这里，一套21因子的全自动气象和生态监测场站呈现在眼前，管护人员还拿出手机向我们展示了监测场站的实时记录数据。

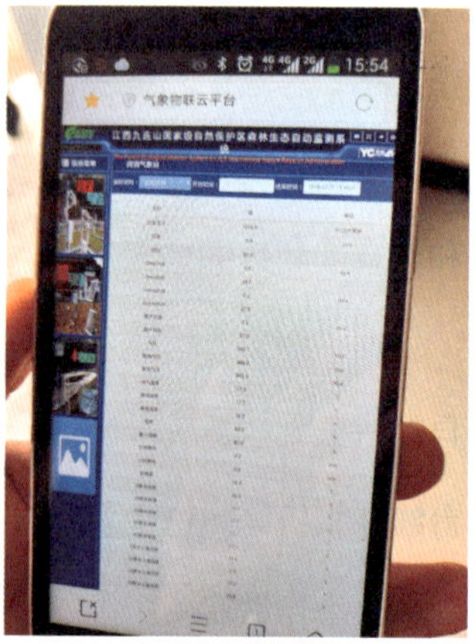

监测场站和巡护员的手机系统（刘方正／摄）

九连山保护区样地森林生态系统（王伟 / 无人机正射影像）

随后，评估组来到九连山保护区的核心保护生境地带——亚热带常绿阔叶林。这里空气温润、清新宜人，走在森林步道中，倒木静静地横亘于此，成为菌类生长的小天堂。听到水流声后，九连山保护区的管理人员告诉我们，九连山的气象水文连续监测工作已经开展了37年之久，中国科学院学部委员侯学煜、郑光美、李文华、马建章、冯宗炜、蒋有绪、尹伟伦等先后专程到九连山保护区开展考察和指导工作。说话间，眼前的测流堰和虾公塘样地就先后出现了，这里的水文、气象和生态监测数据也实时上传到了信息系统。

据了解，为持续深入开展森林生态系统的监测，九连山保护区先后布设了2个自动气象站、2个测流堰、2个 4 hm^2样地、3个 1 hm^2样地、20多个小样方、100多台红外相机等。这些多源、实时、大量的监测数据正持续不断地汇入九连山保护区森林生态自动监测系统中，成为研究气候变化、生态系统服务、生物多样性变化的重要依据。

板根（江西九连山国家级自然保护区管理局 / 供图）

枯倒木上的菌类（刘方正 / 摄）

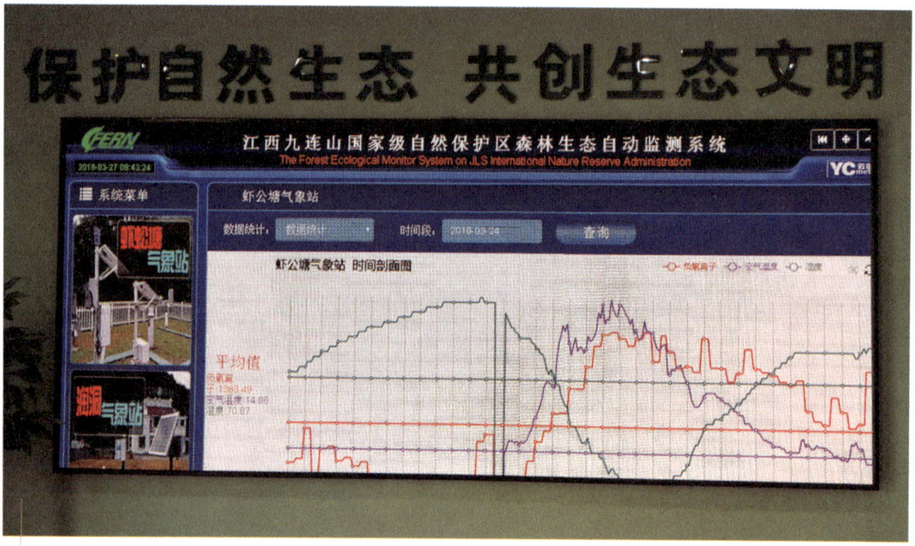

九连山保护区森林生态自动监测系统（王伟 / 摄）

对于九连山保护区而言，科研和监测工作不是孤立的。九连山保护区在开展科研和监测工作的同时，也加强了保护区的人才培养。保护区管理局与高校签订了科研人才培养合作协议，出台了《九连山保护区局级科研项目管理办法》《九连山保护区科技工作先进个人评选办法（试行）》等制度，设立了专项科研经费和申报项目。多年来，科技人员申报并实施的局级科研项目共15个。在现有的51名干部职工中，有6人具有高级技术职称（其中教授级高工1人）、13人具有中级技术职称。此外，基层巡护人员的工作热情也很高，常常主动学习，并运用无人机开展巡护和检查。科研和监测工作同样促进了工作人员对生物多样性的保护和认识。九连山保

东方短腿蟾（江西九连山国家级自然保护区管理局 / 供图）

护区近年来陆续发现了新物种或新记录，九连山角蟾（*Megophrys jiulianensis*）、东方短腿蟾（*Brachytarsophrys orientalis*）、布窗弄蝶离斑亚种（*Coladenia buchananii separafasciata*）3个新种（亚种）的发现经论文发表获得确认，一批爬行类、蕨类等动植物还是江西省或九连山保护区内首次发现的新记录。

附录

长江经济带国家级自然保护区管理评估专家名单

（以姓氏拼音排序）

曹　敏　　中国科学院西双版纳热带植物园，研究员
程积民　　中国科学院水利部水土保持研究所，研究员
郭　柯　　中国科学院植物研究所，研究员
郭志杰　　中国海警局，高级工程师
侯扶江　　兰州大学，教授
胡世学　　中国地质调查局成都地质调查中心，研究员
李红清　　长江水资源保护科学研究所，教授级高工
李新辉　　中国水产科学研究院珠江水产研究所，研究员
刘爱忠　　中国科学院昆明植物研究所，研究员
刘长安　　国家海洋环境监测中心，研究员
刘　威　　广州大学，教授
刘晓曼　　生态环境部卫星环境应用中心，研究员
罗建武　　中国环境科学研究院，高级工程师
马万里　　国家林业和草原局林产工业规划设计院，研究员
毛晓长　　中国地质调查局，教授级高工
秦卫华　　生态环境部南京环境科学研究所，副研究员
时　晓　　北京市水生野生动植物救护中心，高级工程师

宋文鹏	国家海洋局北海环境监测中心，教授级高工
宋延龄	中国科学院动物研究所，研究员
隋吉学	国家海洋环境监测中心，研究员
陶思明	原环境保护部自然生态保护司，副巡视员
王　丁	中国科学院水生生物研究所，研究员
王　俊	中国水产科学研究院黄海水产研究所，研究员
王　伟	中国环境科学研究院，副研究员
危起伟	中国水产科学研究院长江水产研究所，研究员
谢宗强	中国科学院植物研究所，研究员
熊嘉武	国家林业和草原局中南林业调查规划设计院，教授级高工
徐基良	北京林业大学，教授
翟淑华	水利部太湖流域管理局，教授级高工
张春光	中国科学院动物研究所，研究员
张炎斋	生态环境部淮河流域生态环境监督管理局，教授级高工
张志军	中国地质博物馆，研究馆员
朱丽艳	国家林业和草原局昆明勘察设计院，教授级高工

中华人民共和国中央人民政府
www.gov.cn

简 | 繁 | EN | 注册 | 登录

国务院 | 总理 | 新闻 | 政策 | 互动 | 服务 | 数据 | 国情 | 国家政务服务平台

首页 > 新闻 > 政务联播 > 部门

生态环境部组织完成长江经济带120处国家级自然保护区管理评估

2019-08-24 14:43　来源：　生态环境部网站　　【字体：大 中 小】　打印

为贯彻落实习近平总书记对长江经济带"共抓大保护，不搞大开发"指示精神，切实做好长江经济带生态环境保护工作，2017-2018年，生态环境部（原环境保护部）联合原国土资源部、水利部、原农业部、原国家林业局、中国科学院、原国家海洋局等六部门组织开展长江经济带国家级自然保护区管理评估。近日，生态环境部联合自然资源部、国家林草局印发《关于印发长江经济带120处国家级自然保护区管理评估报告的函》（环办生态函〔2019〕539号），向地方反馈评估结果，督促问题整改。

ryswq.news.cn/ttjj.htm

首页 | 头条聚焦 | 中国MAB | 多彩人文 | 国际 | 国内 | 精彩瞬间 | 热点视频

头条聚焦

长江经济带管理评估涉及多处世界生物圈保护区

环境保护部、国土资源部、水利部、农业部、林业局、中科院、海洋局七部门开展的长江经济带国家级自然保护区管理评估启动。

2017-12-19 17:23:54

后记

自然保护区评估实践

王　伟

自然保护区是维护国家生态安全格局的重要组成部分，是生态保护红线最重要的区域之一。截至2018年年底，我国共建立各种类型、不同级别的自然保护区2 750个，其陆域面积占国土陆域总面积的14.86%。我国的自然保护区已经走过了抢救性建立以及数量和面积快速增长的阶段，如何在改善生态环境质量的同时正确处理保护与发展的关系，从而促进自然保护区的规范化建设和科学管理，已成为自然保护区事业发展到当前阶段的重要议题。近年来，笔者所在的研究团队通过探索自然保护区监管的框架体系，在监测评估、管理计划编制以及信息化建设等方面开展了一些实践，下文将重点介绍在自然保护区评估方面的工作开展情况。

框架体系

联合国教科文组织提出的“生物圈保护区”理念已经在我国实施了40余年，在保护、发展、后勤保障这3个相互关联的功能方面发挥了重要作用。笔者所在的研究团队在开展自然保护区评估工作的时候，评估目标与联合国教科文组织世界生物圈保护区三大核心功能非常相近。保护功能是自然保护区的前提和基础；科研、监测、宣教是自然保护区最为重要的工作，也是后勤保障功能得以有效实施的具体表现；绿色发展观则是习近平生态文明思想的重要组成部分，为自然保护区践行“绿水青山就是金山银山”理念提供了科学指引。

在具体实践中，我们将“适应性管理”框架体系引入自然保护区评估工作中。适应性管理是一种面对动态变化而不断调整管理措施和决策的过程，即随着时间的推进，通过系统监测手段及时调整管理方式以减少不确定性因素，从而确定和优化管理战略。对于适应性管理框架体系，我们的思路是以自然保护区评估为目标导向，从评估指标的获取需求来推动生态环境及主要保护对象的监测工作，并且基于监测评估的结果明确重点区域，指导下一步管理计划的编制等工作，从而实现自然保护区的精细化监管。由此可以看出，自然保护区评估既是一个目标，也是一种手段，主要包括针对管理过程的评估和针对保护成效的评估这两个互为补充的方面。

管理评估

为加强对自然保护区的监督管理、提高其建设和管理水平，国家环境保护总局于2006年发布了《国家级自然保护区监督检查办法》，提出了定期评估的相关规定。自2007年起，国家环境保护主管部门会同中国科学院等部门共同开展了自然保护区管理评估工作，至2016年年底已覆盖了394个国家级自然保护区。来自不同部门推荐的多名专家共同参与了这项工作，通过梳理自然保护区管理现状、工作进展及存在的问题，提出针对性的意见和建议，对地方政府、主管部门和保护区管理机构加强相关管理工作具有指导意义。评估结果显示，70.78%的国家级自然保护区存在范围界线或土地权属不清的问题，特别是对于存在违法违规项目的自然保护区相关问题尤为突出，由此产生的土地纠纷和社区矛盾也时有发生，不仅影响主要保护对象的管护成效，而且还会影响周边社区的经济发展。

为贯彻落实长江经济带生态环境保护这一重大的国家战略，环境保护部于

2017年年底会同各相关部门，在11个省（市）启动了新一轮的国家级自然保护区管理评估工作，由中国环境科学研究院负责实施，对自然保护区的基础设施、管理过程、成效及问题等情况开展综合评估。本次评估工作与近年来开展的“绿盾”自然保护区监督检查专项行动，以及相关监督执法工作互为结合，形成专项行动与定期评估等例行监管手段相结合的监管模式，在新华网、人民网、《中国环境报》等各大媒体进行了报道。

截至2018年年底，长江经济带11个省（市）共有153处国家级自然保护区，总面积7.11万km^2，在生物多样性保护方面发挥了不可替代的作用，并为沿线约6亿人提供了水源涵养等重要的生态系统服务。在原环境保护部的指导下，中国环境科学研究院具体实施并完成了长江经济带11个省（市）120处国家级自然保护区的管理评估工作。评估中使用的《自然保护区管理评估规范》（HJ 913—2017），与2007—2016年第一轮全国394个国家级自然保护区管理评估时使用的赋分表相比，加强了对违法违规问题、主要保护对象变化等方面的重视程度，更能客观反映自然保护区的管理工作状况及成效。此外，在原环境保护部自然生态保护司的指导下，笔者所在的研究团队研发了自然保护区移动监管App以用于此次评估工作，对自然保护区内的违法违规问题进行了定位记录和实时上传分析。该App同时也在中央生态环境保护督察、“绿盾”自然保护区监督检查专项行动中得以应用，并在长江经济带各省市进行了全面推广。

保护成效评估

自20世纪80年代以来，“自然保护区是否有用”这个议题成为自然保护区研究领域的热点问题。为了保证管理质量和效果，需要进一步对自然保护区进行保护成效评估，以判断其在多大程度上实现了当初预期的保护目标。自然保护区的保护成效指其对主要保护对象的保护效果，及其在维持生物多样性和保障生态系统服务功能等方面的成效。

近年来，笔者所在的研究团队逐步在国家、省、地区和单个自然保护区等不同尺度上开展了保护成效评估的研究工作。例如，中国环境科学研究院于2012—2014年牵头实施了环保公益性行业科研专项经费项目“国家级自然保护区保护成效评估与规范化建设关键技术研究”，针对森林、湿地、草地和荒漠等代表性生态系统，以及野生动植物等不同类型的自然保护区进行了调研，发展了“配比”（matching）技术等更为有效的分析方法，探索了自然保护区保护成效评估指标体系，并开展了相关案例研究。2016—2018年，中国科学院西双版纳热带植物园和中国环境科学研究院联合实施了中国科学院野外台站联盟项目“中国典型自然保护区保护成效评估”，联合20余家科研单位与相关自然保护区管理机构共同合作，完成了15处自然保护区的保护成效评估案例研究报告，进一步优化完善了相关指标体系及其标准和规范。

在这些项目开展的过程中，笔者有机会走访了上百个自然保护区，但是在试图选择适合开展保护成效评估的自然保护区时，却发现只能找到少数拥有生物多样性长期系统监测数据的案例。自然保护区的科学管理和保护成效评估必须以系统的监测数据为基础。近年来，一些自然保护区已经意识到生物多样性长期监测的重要性，国内一些科研院所也已经开始与自然保护区合作监测，并提出了建立第三方评估机制的设想。巧合的是，我们开展保护成效评估研究的自然保护区很多也加入了联合国教科文组织世界生物圈保护区网络。这也从另一个角度说明，世界生物圈保护区的理念在推动自然保护区发展中起到了重要作用。

基于适应性管理的理念，再结合这些案例的研究结果，我们提出了一套针对不同类型自然保护区的保护成效评估体系，初衷是基于保护成效评估反向推进自然保护区相应监测体系的完善。当然该体系很难一次达到尽善尽美，但毕竟是一个开端，我们也会在应用的过程中不断总结提升。只有这样，我们在领略自然保护区良好生态效益的时候，在为其生态环境破坏痛心疾首的时候，在为其保护状况诊脉的时候，在为国家提供自然保护区发展方向建议的时候，才能拿出科学的数据以支持决策。

展望

在当前对自然保护区进行评估的基础上，笔者建议从以下三个方面统筹发力，以使评估工作迈上新的台阶。

在广度方面，由自然保护区评估向以国家公园为主体的自然保护地体系评估发展。在当前国家级自然保护区管理评估的基础上，将评估范围全面扩展至国家公园体制试点、各级自然保护区、风景名胜区等所有自然保护地类型。由于不同类型的保护地在目标设立、主要保护对象以及建设管理水平等方面均不尽相同，科研监测等基础工作也存在较大差异，建议可依据自身主要保护对象的特点，制定符合不同保护地实际情况的保护成效评估体系。通过资源本底调查确定评估的基线数据，并在此基础上对主要保护对象及其生境开展长期监测，注重对主要保护对象的数量、分布、年龄结构、生境完整性、生态系统服务等内容的监测，从而为评估提供基础数据支撑。

在深度方面，突出问题导向，充分发挥保护管理、科研合作、绿色发展等方面的作用和成效。正如联合国教科文组织驻华代表处自然科学项目负责人Philippe Pypaert在2018年贵阳生态文明论坛上所说的那样，世界生物圈保护区将致力于成为实践跨学科方法的特定区域，用于理解和管理生态与社会系统之间的变化及其相互作用。笔者建议，进一步深化可持续生态学的理论基础研究，推动自然保护区成为“绿水青山就是金山银山”实践创新基地。

在制度方面，形成健全完备的评估制度和保障体系，为自然保护地监督执法助力。为落实《中共中央 国务院关于全面加强生态环境保护 坚决打好污染防治攻坚战的意见》提出的“坚决查处生态破坏行为”等重大任务，应在国家层面制订自然保护地评估的长效机制，使科学评估制度化、规范化，并将管理评估与保护成效评估结合起来，共同构建完善的自然保护地监督管理模式，为中央生态环境保护督察和“绿盾”自然保护区监督检查专项行动提出精细化的监管建议，切实保护和改善生态环境质量。

（本文原载于《人与生物圈》2018年第5期，此处略有修改。）

2020 UN BIODIVERSITY CONFERENCE
COP 15 - CP/MOP10 - NP/MOP4
Ecological Civilization-Building a Shared Future for All Life on Earth
KUNMING · CHINA

生态文明：共建地球生命共同体

谨以此书献给《生物多样性公约》第十五次缔约方大会

Ecological Civilization–Building a Shared Future for All Life on Earth

This book is dedicated to the 15th meeting of the Conference of the Parties to the Convention on Biological Diversity

MESO-NATURE

Ten Best Cases of Management Assessment of National Nature Reserves in Yangtze River Economic Belt

By WANG Wei, LUO Jianwu, LIU Fangzheng, et al.

ZHONGGUAN
ZIRAN

China Environment Publishing Group · Beijing

图书在版编目（CIP）数据

中观自然 ：长江经济带国家级自然保护区管理评估十佳案例 = MESO-NATURE:Ten Best Cases of Management Assessment of National Nature Reserves in Yangtze River Economic Belt ：英文 / 王伟等著 . -- 北京 ：中国环境出版集团，2021.7
ISBN 978-7-5111-4731-8

Ⅰ．①中… Ⅱ．①王… Ⅲ．①长江经济带－自然保护区－管理－案例－英文 Ⅳ．①S759.992

中国版本图书馆 CIP 数据核字（2021）第 095898 号

出 版 人 武德凯
责任编辑 丁莞歆
责任校对 任 丽
装帧设计 金 山

出版发行 中国环境出版集团
（100062 北京市东城区广渠门内大街 16 号）
网 址：http://www.cesp.com.cn
电子邮箱：bjgl@cesp.com.cn
联系电话：010-67112765（编辑管理部）
010-67147349（第四分社）
发行热线：010-67125803，010-67113405（传真）
印装质量热线：010-67113404
印 刷 北京盛通印刷股份有限公司
经 销 各地新华书店
版 次 2021 年 7 月第 1 版
印 次 2021 年 7 月第 1 次印刷
开 本 787×960 1/16
印 张 28.5
字 数 300 千字
定 价 198.00 元

Editorial Committee of the Series

Members

SUN Ming	Deputy Director-General of Bureau of Science and Technology for Development, the Chinese Academy of Sciences
LIU Ning	Deputy Director-General of Department of Nature and Ecology Conservation, the Ministry of Ecology and Environment of the People's Republic of China Negotiator for CBD COP15 Executive Committee
LING Yue	Deputy Director-General of Department of Communications and Education, the Ministry of Ecology and Environment of the People's Republic of China
HOU Xuesong	Deputy Secretary-General of Chinese Society for Environmental Sciences
JING Xin	Director of Division of Biodiversity Conservation, Department of Nature and Ecology Conservation, the Ministry of Ecology and Environment of the People's Republic of China
ZHOU Ju	Director of Division of Biotechnology, Bureau of Science and Technology for Development, the Chinese Academy of Sciences
ZENG Yan	Research Associate of Bureau of Science and Technology for Development, the Chinese Academy of Sciences
WANG Jing	Director of the Biology Branch of Science Press
SHEN Jian	Vice General Manager of China Environment Publishing Group
CHEN Yongmei	Director of Department of Science Popularization, Chinese Society for Environmental Sciences
HU Feilong	Research Associate of Nanjing Institute of Environmental Sciences, the Ministry of Ecology and Environment of the People's Republic of China
WAN Xialin	Deputy Section Chief of Foreign Environmental Cooperation Center, the Ministry of Ecology and Environment of the People's Republic of China

PREFACE

Nature reserves are the basis of *in-situ* conservation system for biodiversity. Since the establishment of the first nature reserve, Dinghushan Nature Reserve, in 1956, China has established more than 11,800 nature reserves at all levels, covering 18% of China's land area and 4.1% of its seas. Nature reserves play a leading role in maintaining national ecological security.

Yangtze River has a unique ecosystem and is an important ecological treasure in China. In the Symposium on Promoting the Development of Yangtze River Economic Belt, General Secretary XI Jinping emphasized that the restoration of ecological environment of Yangtze River should be placed in an overwhelming position at present and for a long period in the future. By the end of 2018, there were 153 national nature reserves in 11 provinces (including 2 municipalities) of Yangtze River Economic Belt, which played an irreplaceable role in biodiversity conservation and provided important ecosystem services, such as water conservation, for 600 million people along the river.

In order to implement the major national strategy for the Yangtze River Economic Belt, the Ministry of Ecology and Environment (formerly the Ministry of Environmental Protection), together with the former Ministry of Land and Resources, the Ministry of Water Resources, the former Ministry of Agriculture, the former State Forestry Administration, the Chinese Academy of Sciences and the former State Oceanic Administration, organized the management assessment for national nature reserves in Yangtze River Economic Belt from 2017 to 2018. Under the guidance of the Ministry of Ecology and Environment, we have completed the management assessment for 120 national nature reserves in 11 provinces in Yangtze River Economic Belt, and invited experts from relevant expertise to the reserves for field visits, which have covered a total journey of nearly 100,000 kilometers and consulted more than 10,000 reference documents. The assessment results show that the management of national nature reserves in the Yangtze River Economic Belt has made positive progress. Most of the reserves have set up independent management agencies and all reserves have established management systems and carried out regular patrols. The situation of main protected wildlife in reserves is basically stable and the quantity of selected key protected wild plants and animals is increasing steadily. The synergetic development of reserves and communities has made certain achievement. Shanghai, Jiangsu, Zhejiang, Hubei, Jiangxi have performed better among the provinces in overall assessment.

The management assessment has received wide public attention. From August to September 2019, the Ministry of Ecology and Environment officially announced the top ten reserves in the management assessment through press conferences and media reports. These ten reserves are: Sichuan Wolong, Hubei Wufeng Houhe, Jiangsu Sihong Hongzehu Wetland, Hubei Shennongjia, Jiangsu Dafeng Elk, Guizhou Chishui *Alsophila spinulosa*, Jiangxi Wuyishan, Zhejiang Tianmushan, Guizhou Fanjingshan, Jiangxi Jiulianshan. The results of the assessment were also published on the website of the Central Government, CCTV News, People's Daily, Xinhua News and other media with a total of about 3,890,000.

This book systematically sorts out the most representative on-site situations during authors' participation in the assessment. From the aspects of the construction, management experience, and protection effectiveness of the reserves, combined with the comprehensive assessments of experts and authors' own experiences, this book summarizes the achievements, experiences, and the most prominent features of these best ten cases with a goal to provide references for China's natural conservation cause and support strategic action of "Joint Efforts for Great Protection" in Yangtze River Economic Belt.

The assessment was guided and supported by CUI Shuhong, BAI Chengshou, ZHANG Ye, YI Zhijian from the Department of Natural Ecology Protection, the Ministry of Ecology and Environment. The experts, who recommended by the former Ministry of Land and Resources, the Ministry of Water Resources, the former Ministry of Agriculture, the former State Forestry Administration, the Chinese Academy of Sciences, and the former State Oceanic Administration, spared no efforts and came to the spots to give great help to the assessment. The local Ecology and Environment departments of various provinces, competent departments and management agencies of nature reserves actively participated in the assessment process. The authors would like to express heartfelt gratitude to all the above-mentioned individuals and institutions. The publication of this book was funded by the Comprehensive Supervision Project on Nature Reserves of the Ministry of Ecology and Environment.

This book can be used by scientific researchers, students, professionals of nature reserves management, and readers interested in nature reserves. Due to data avaliablity and time limitation, the deficiency is hard to avoid and comments are welcomed.

Author

December 2020 in Beijing

CONTENTS

INTRODUCTION

Leveraging Chinese traditional culture to continuously promote ecological protection of nature reserves

WANG Wei, CHEN Niannian

China has always been attaching great importance to environment and ecology protection. Under the guidance of XI Jinping's socialist thinking with Chinese characteristics in the new era, China adheres to the harmonious coexistence of mankind and nature and is committed to the construction of ecological civilization.

Chinese excellent traditional culture is one of the important sources of General Secretary XI Jinping's concept of governing the country. Chinese civilization has been inherited for more than 5,000 years and has accumulated rich ecological wisdom. These unique ecological cultures are not only a valuable spiritual heritage, but also a source of ecological thoughts for sustainable development. Traditional Chinese ecological ethics is based on the spirit of "the harmonized mankind and nature", "ecological ethics in Taoism", "reverence for life", "love everything", "abstinence and economization", etc., and takes relationship between mankind and nature as the overall framework. It advocates the harmonious and unified relationship between all things, and constitutes ecological morality of the unity of human ethics and natural ecology. For ecological protection of nature reserves, ecological protection consensus of the whole society is an important aspect to improve effectiveness of protection and create a good interaction between ecological protection and sustainable development, in addition to the need for policies and regulations, and scientific and effective management. Traditional formed ecological protection concepts in China often play an important role in formation of ecological protection consensus.

"The harmonized mankind and nature" has formed values of ecological aesthetics of nature reserves. The ancient Chinese concepts of "harmonized mankind and nature", "nature is birthplace of human life", and "human survival and development can not be separated from nature", make traditional production and life style around nature reserves integrate with nature itself to form a picture of harmonious life. The establishment of nature reserves not only protects biodiversity, but also potentially preserves the culture and customs formed during long-term adaptation of humans to nature. In turn, this traditional culture has made residents of the community proud of the beautiful environment of their hometown and has driven effective protection of local natural ecological environment and cultural diversity. For example, among the herdsmen living in Sanjiangyuan Nature

Reserve in Qinghai, many ecological protection customs and conventions have been passed down to now. To respect the holy lake of the God Mountain, they spontaneously protect wild animals and maintain ecosystems. It has become an important factor to promote the harmonious coexistence of human and nature.

Sanjiangyuan Nature Reserve in Qinghai Province (photo by WANG Wei)

"No noble or humble, all things are the same", the idea complying with the value of equality run through the development history of ecological protection concept in China from ancient times to the present. Different from the debate of "anthropocentrism" and "natural centrism" in movement of ecological green thoughts in the western countries, ecological thoughts bred in traditional Chinese culture have the simple dialectics and advocate an equal and benevolent point of view, especially in wildlife protection. BAI Juyi stated in his poem: "Who says lives of birds are insignificant? They are as flesh and blood as humans. Do not chase after birds on branches, for young birds in nest are looking forward to their mother's return." As a publicity slogan to protect ecological environment, this poem is printed and hang in natural reserves to educate the public to abide by values of equality of life. Facts have proven that traditional equality values of "no noble or humble" and "all things are the same" will help to raise public awareness

Chongqing Jinfoshan National Nature Reserve (photo by WANG Wei)

about protecting wild animals and maintaining balance of ecosystem, thereby reducing the threats of human factors to nature reserves.

"Master the law of nature and use it" shows wisdom of mankind to master the changes of natural laws, and shapes the traditional ecological protection concept. The traditional Chinese culture contains laws and experiences of production and life summarized by humans in long-term exploration of nature. Poems, such as "When river is deep, fish and turtle will return; when mountains are lush, animals will return", have formed a original, traditional and simple nature ecological protection concept of China. For example, Jiangxi Tongboshan National Nature Reserve was once a sealed place by government of the past dynasties. On one hand, it can make people have "more food", "more use" and "more materials". On the other hand, it can also make all kinds of lives survive and grow naturally. According to historical records, in Tang Dynasty (AD 884), the emperor issued an imperial edict to ban Tongboshan Mountain. The seal was not lifted until the eighth year of Tongzhi (A.D. 1869) in Qing Dynasty, which lasted for nearly one thousand years. Because of the recuperation during this period, Tongboshan well preserved its original natural environment. This concept of in-depth protection and moderate development allows nature reserves to achieve better ecological protection effects under relatively limited human, financial, and material resources. Ecological health, folk culture and other elements contained in this concept also bring new opportunities for local community development.

Jiangxi Tongboshan National Nature Reserve (Photo by LIU Fangzheng)

The idea of "be good at using existing conditions" and "make full use of resources" teaches the world to make rational use of natural resources, forming a traditional concept of sustainable development. Xunzi vigorously advocated and promoted the ideas of accessing new resources and reducing expenditure, making the best use of and full use of materials. The idea of effective protection and sustainable utilization is an effective countermeasure for exploring a sustainable development model in natural reserves. For example, Tangjiahe National Nature Reserve adopts ecological protection strategy of making the best use of resources and moderate development, which not only brings green assets, but also drives the enthusiasm of communities to participate in protection. Before its establishment, water quality of Tangjiahe National Nature Reserve was damaged due to continuous disaforestation. From its establishment until now, water quality and volume of river gradually recovered by water conservation through planting and protecting trees. With good natural environment, residents of neighboring communities can not only promote ecological products such as wild honey, fungus and walnuts, but also rely on excellent water quality in the reserve to produce special cuisines, such as Qingxi tofu. Together with traditional rural food culture products, such as wild vegetables and peach blossom wine, the reserve continuously attracts tourists and becomes a model demonstration for exploring sustainable use of natural resources.

Sichuan Tangjiahe National Nature Reserve (photo by DIAO Kunpeng)

Chinese traditional culture is extensive and profound, and traditional ecological culture has an important enlightenment for ecological protection of natural reserves. Leveraging Chinese traditional culture to continuously promote ecological protection of nature reserves and enhance ecological awareness is the necessary path to realize harmonious coexistence of mankind and nature. It is a useful practice of adhering to cultural self-confidence, telling Chinese stories well, and promoting Chinese traditional ecological culture to the world as well.

(This article has been published in *China Environment News* in 23 April, 2020, slightly modified here)

PANDECT

Overall management assessment of national nature reserves in Yangtze River Economic Belt

FENG Chunting, LUO Jianwu, LIU Fangzheng, ZHOU Yue,
ZHANG Libo, DU Jinhong, WANG Wei

Yangtze River Economic Belt covers 11 provinces (including 2 municipalities) including Shanghai, Jiangsu and Zhejiang, with an area of about 2.05 million square kilometers, accounting for 21% of total land area of China. It has diverse ecosystem types, extremely rich biodiversity, and an important ecological position [1]. The Party Central Committee and State Council attach great importance to ecological environment protection of Yangtze River Economic Belt. General Secretary XI Jinping has repeatedly given important instructions, such as "Put ecological environment restoration of Yangtze River in an overwhelming position, make joint efforts for great protection and avoid large-scale development", which has indicated a new path of ecological priority and green development for Yangtze River Economic Belt. In recent years, under the effects of global climate change and increasing intensity of human activities, Yangtze River Economic Belt is facing an urgent need for biodiversity conservation and sustainable development [2-3].

Establishment of nature reserves is an important means to alleviate deterioration of ecological environment and protect biodiversity [4-5]. By the end of 2018, there are 153 national nature reserves in 11 provinces in Yangtze River Economic Belt, with a total area of 71,100 square kilometers. These reserves have played an irreplaceable role in biodiversity conservation and have provided important ecosystem services such as water conservation for about 600 million people along the river basin. However, Yangtze River Economic Belt, as a relatively economically developed region in China, has faced severe challenges in nature reserve management in term of resources exploration and utilization [8-9], which has aroused widespread concern among scholars. For example, the study by LIN Xiaosong et al. [10] shows that the management and protection of reserves in central and western provinces in Yangtze River Economic Belt are insufficient and need to be further improved. ZHENG Haiyang et al. [11] analyze current situation of management of national nature reserves in Zhejiang Province through on-site investigation, accessing to relevant information, visiting community residents and holding symposiums. It shows that there are deficiencies in staffing, functional zoning, and financial aspects. XIE Zhihong et al. [12] select 4 criteria, namely institutional capacity of nature reserve, long-term management, finance, and local community participation, and 12 indicators for management effectiveness to evaluate the management effectiveness of 62 nature reserves in Hunan Province. The results show that more than half of the reserves in Hunan Province is at a medium management level. XIA Xin et al. [13] evaluate basic management status of all nature reserves in Zhejiang Province using 9 indicators of 3 aspects namely objective conditions, institution and staffing, and finance and facilities. Results show that the nature reserves in Zhejiang Province are at a medium management level. Most of previous studies focused on nature reserve management in a certain province or region in Yangtze River Economic Belt, while few carried out systematic assessments of management effectiveness of national nature reserves of the entire Yangtze River Economic Belt. In addition, in the past, the indicators used in management effectiveness assessment of nature reserves mostly focused on management itself, the assessment related to protection effectiveness and its influencing factors involved are rare. Therefore, prominent issues under current situation of ecological environment supervision for nature reserves are failed to be reflected.

For the first time, this study uses HJ 913–2017 "Standard for Management Assessment of Nature Reserves" (hereinafter referred to as "the standrad") newly issued by the former Ministry of Environmental Protection in December 2017 to evaluate management performance of 120[1] national nature reserves in Yangtze River Economic Belt. The standard refers to assessment framework and basic assessment elements of World Commission on Protected Areas (WCPA) on nature reserves, which including 6 aspects namely background, planning, input, management process, output, and effects. It also considers the needs of ecological environment supervision under new situation of China's natural reserve institutional reform, by including assessment elements of management basis, management measures, management safeguard, management effectiveness, and negative impacts. The standard highlights situation of violation of laws and regulations and the changes of main protection objects, aiming to more objectively reflect management status and effectiveness, which has practical value for evaluating management effectiveness of nature reserves in China. Based on scoring results of 20 indicators in 5 aspects, overall characteristics of management status of 120 nature

1 The national nature reserve for rare and endemic fish in the upper reaches of the Yangtze River spans Sichuan, Yunnan, Guizhou, and Chongqing. The management assessment of this reserve is carried out separately by various province. Therefore, there are a total of 123 natural reserves in the following statistics.

reserves are evaluated. Linear regression analysis and correlation analysis are used to evaluate management differences of reserves in different provinces with different establishment time, different sizes and different types. By calculating average scoring rate of each indicator, the contribution of each indicator to management effectiveness is clarified. Using the Spearman correlation analysis, relationship between influencing factors to reserves' management and various assessment indicators is further clarified. The purpose of this study is to provide decision-making support for management of nature reserves in Yangtze River Economic Belt, and to improve and enhance management quality and capacity of nature reserves across the country.

Study methods

Assessment method

From December 2017 to December 2018, authors' research team organized experts recommended by seven departments including the former Ministry of Environmental Protection, the former Minstry of Land and Resources, Ministry of Water Resources, the former Ministry of Agriculture, the former State of Forestry Administration, Chinese Academy of Sciences and the former State Oceanic Administration and carried out management assessment of 120 nature reserves in 11 provinces, in Yangtze River Economic Belt. More than 100 experts participated in field work for more than 200 days. The working procedures of management assessment is by assessment expert team (at least 5 people) include listening to reports giving by reserve management agency, reviewing relevant archives, combining remote sensing monitoring report and field survey, holding community representative symposium, and scoring based on 20 indicators listed in HJ 913–2017. If opinions of experts on a certain indicator are quite divergent, internal discussion shall be conducted based on scoring criteria and information accessed, and finally all experts will reach a consensus. The arithmetic mean of each indicator scored by all experts is the final score of that indicator, and the sum of scores of 20 indicators is the final score of the reserve evaluated.

Assessment indicators and scoring

There are 20 indicators in 5 aspects for management assessment of nature reserves, with a full score of 100. For management effectiveness aspect, protection target changes weights by 16 points. For management measures aspect, daily management & protection and patrolling & law enforcement weight by 7 points each. For management and security aspects, management & protection facilities weights by 7 points, institutional framework & staffing, specialized law enforcement, and finace weight by 5 points each. For negative impacts aspect, score setting for development & construction activities is negative, with a full score of 0. The remaining indicators in various aspects weight by 4 points each. Management of selected nature reserves with an assessment score above 85 points (including 85) is rated as "excellent", between 70 and 84 points is rated as "good", between 60 and 69 points is rated as "medium", and below 59 points (including 59) is rated as "poor".

Data analysis

According to scoring results of expert team, overall characteristics of reserve management are analyzed by calculating average score and proportion of different grades of 120 reserves. Linear regression analysis is performed on the average of 10 years (2007–2017) per capita GDP (data downloaded from National Bureau of Statistics website) of 11 provinces and corresponding regional assessment scores of reserves. Correlation analysis is carried out by using SPSS 19.0 software to obtain relationship between scores of various reserves and their establishment time, size, and type, respectively.

Due to the different full scores of various indicators, it is impossible to directly compare score characteristics of 5 assessment aspects including management basis and 20 indicators including land ownership. Therefore, the average score rate of each indicator is calculated, then the contribution of each indicator to management effectiveness of reserves is clarified.

$$S_i=\overline{X}_i / A_i \quad (1)$$

In this formula, S_i is average score rate of the ith indicator, $\overline{X}_i$ is average score of the ith indicators of 120 reserves, and A_i is full score of the ith indicator.

Scores of various indicators can directly provide clear guidance for reserve administrations. According to assessment results of various indicators, indicators with lower scores are regarded as key indicators that restrict management level of reserves. Furthermore, according to rating levels (“excellent”, “good”, “medium” and “poor”) of each key indicator, number of reserves of each rating level is counted, respectively. If actual score of a key indicator of a reserve is greater than or equal to 0.85 times of its full score, it is classified as “excellent”; greater than or equal to 0.7 times and less than or equal to 0.84 times, it is classified as “good”; greater than or equal to 0.6 times and less than or equal to 0.69 times, it is classified as “medium” ; and less than or equal to 0.59 times, it is classified as “poor” .

The Spearman correlation analysis is used to analyze the correlation between the average score rate and the total score of the 20 indicators to further clarify the influencing factors of reserve management status and the relationship among indicators. Signficance verification is done on the correlation coefficient under the confidence level of 0.05 and 0.01. A positive correlation coefficient indicates that there is a positive correlation between the indicators, otherwise it is a negative correlation. The closer the absolute value of correlation coefficient is to 1, the stronger the correlation is.

Results and discussion

Overall characteristics of management status of nature reserves

Overall score characteristics of management status of nature reserves

Overall score of management assessment of national nature reserves in Yangtze River Economic Belt is shown in Figure 1. The average score of 120 reserves is 81.41. Among these assessed reserves, 46.3%, 44.7%, 7.3%, and 1.7% of which are rated as "excellent", "good", "medium", and "poor", respectively. This result indicates that the management status of national nature reserves in Yangtze River Economic Belt is generally good. The economic development level of Yangtze River Economic Belt is relatively high, and the investment in nature reserves is relatively large. The recognition of value and function of nature reserves is also relatively high, which is conducive to the smooth implementation of various management measures [14]. Similar studies also show that economically developed areas can provide infrastructure and staffing support for nature reserves [15], which is consistent with the conclusions of this study.

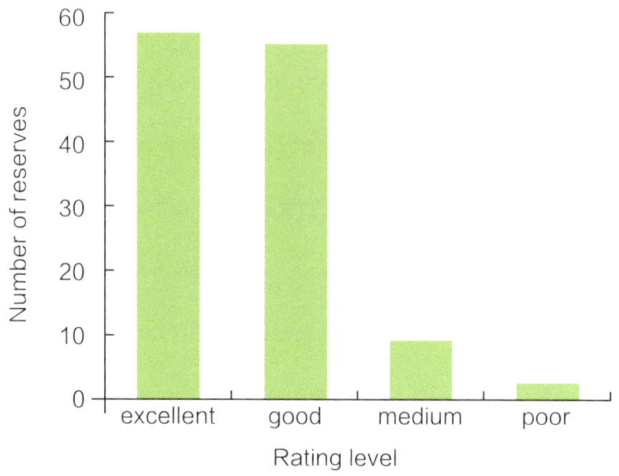

Figure 1 Rating level of management assessment of 120 national nature reserves in Yangtze River Economic Belt

Management status of nature reserves in various provinces

Scores of management status of nature reserves in various provinces are shown in Figure 2. The number of reserves in 11 provinces varies greatly, with the most in Sichuan (26) and the least in Shanghai (2). Judging from the average scores of these reserves, Jiangsu scores the highest (89.33) and Chongqing scores the lowest (76.60). Jiangsu, Zhejiang, Shanghai and Hubei are rating "excellent", and the other provinces are rating "good". In terms of "excellent" proportion of reserve rating in various provinces, more than half of the reserves in Jiangsu, Zhejiang, Jiangxi, Hubei, and Shanghai are rated as "excellent", while only two reserves in Sichuan are rated as "poor". Test of significance is preformed on the linear regression coefficient of the mean GDP per captia over 10 years and the management assessment scores in 11 provinces with P=0.0007, which indicates a linear relationship between the management status of the reserves and the regional GDP per capita. In more economically developed areas, the management status of reserves is also relatively good, which is consistent with the conclusion in Section 2.1.1.

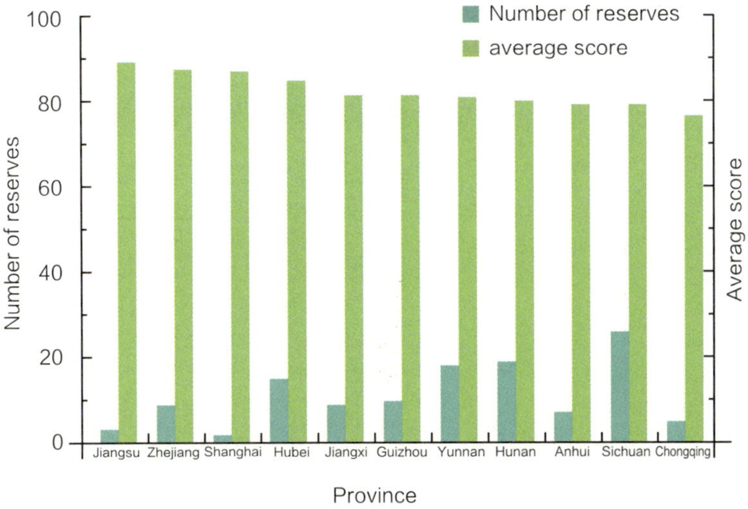

Figure 2 Scores of management status of national nature reserves in various provinces in Yangtze River Economic Belt

Management of nature reserves with different establishment time

There are 10 reserves established between 1956 and 1978, with an average score of 86.80; 83 reserves established between 1979 and 1995 with an average score of 82.59; and 30 reserves established between 1996 and 2018, with an average score of 76.20 (Figure 3). Based on the correlation analysis, it is found that the total score of reserve management assessment is positively correlated with its establishment time (R=0.4, $P < 0.05$, n=123), indicating that the longer the establishment time of a reserve has, the better the management status is. The reason may be that the longer the reserve is established, the more complete the management institutional arrangement, the higher proportion and the larger number of professional and technical personnel, the more perfect the finance mechanism, the more standardized rules and regulations, and therefore the better the management status of the reserve. This conclusion is consistent with SHU Yong et al.[16] which shows the management assessment results of national nature reserves in the Tibet Autonomous Region, that is, the longer the establishment of a reserve, the higher assessment score of management effectiveness it gets.

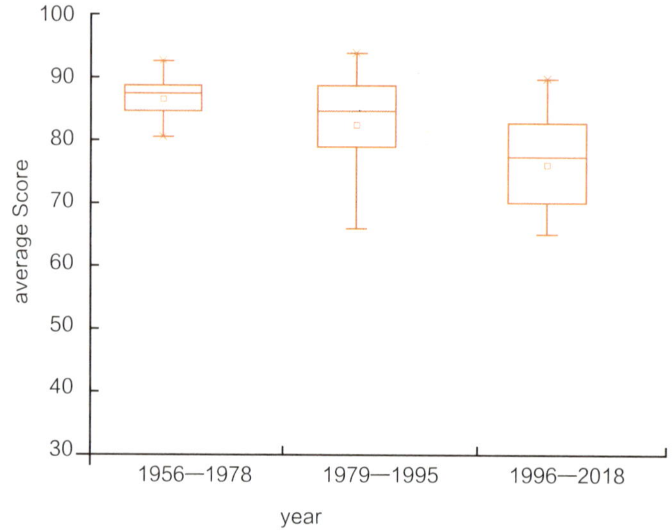

Figure 3　Box plot of management assessment scores of 120 national nature reserves with different establishment time in Yangtze River Economic Belt

Management status of nature reserves of different sizes

According to thein sizes, nature reserves in China are categorized into 6 types: super large (> 1, 000, 000 hm^2), large (100, 001 ~ 1, 000, 000 hm^2), medium and large (10, 001 ~ 100, 000 hm^2), medium (1, 001 ~ 10, 000 hm^2), medium and small (101 ~ 1, 000 hm^2) and small (⩽ 100 hm^2) [17]. Among the reserves evaluated,

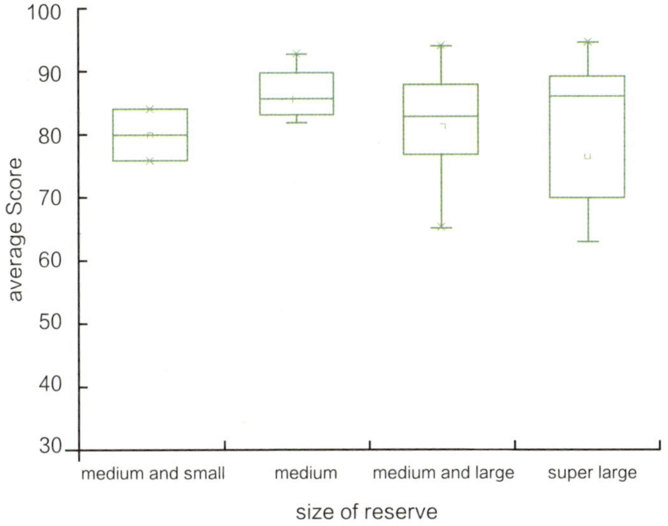

Figure 4 Box plot of management assessment scores of 120 national nature reserves of different sizes in Yangtze River Economic Belt

2 are small and medium-sized with an average score of 80, 11 are medium-sized with an average score of 85.45, 97 are medium and large-sized with an average score of 81.62, and 13 are large-sized with an average score of 76.69 (Figure 4). It can be seen from the correlation analysis that the total score of reserve management assessment is negatively correlated with its size ($P < 0.05$, $R = -0.255$, $n=123$), indicating that as the area of a reserve increases, its management status is relatively worse. Similar studies have reached a basically consistent conclusion: as the area of a reserve increases, the difficulty of management may increase, resulting in a significant reduction in management effectiveness [18].

Management status of different types of nature reserves

The average score of management of different types of nature reserves is shown in

Figure 5. Among 120 reserves evaluated, there are only one reserve each with the type of geological heritage, paleontological heritage, and marine coast. Therefore these 3 reserves are excluded from this analysis. The highest average score was 85.56 for wild plant reserves and 78.97 for wild animal reserves. In addition, the average scores of various indicators such as protection target changes, resource surveys, and dynamic monitoring of wild plant reserves are higher than those of wild animal reserves. This may be because it is easier to conduct monitoring and investigation of protected objects in wild plant reserves.

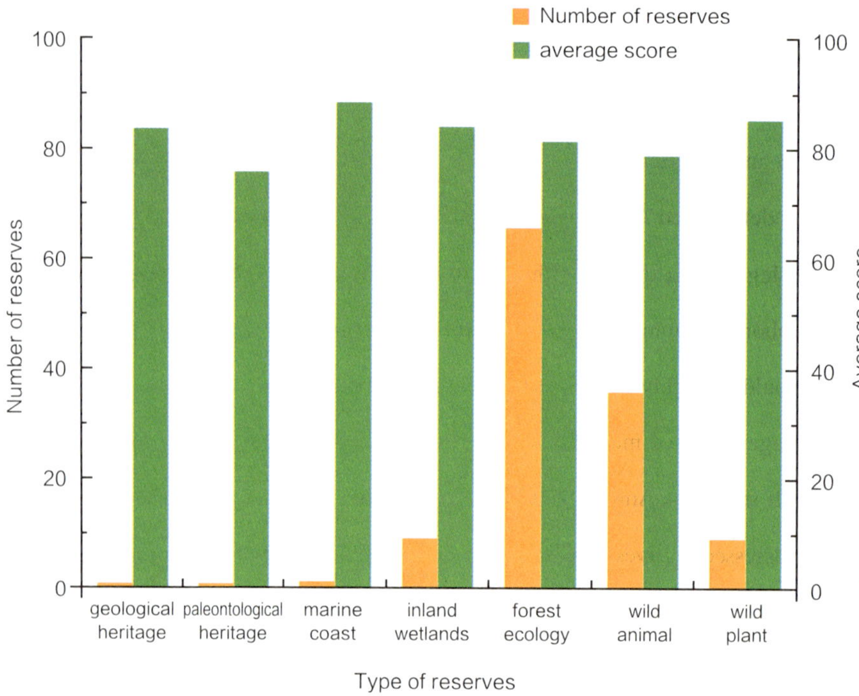

Figure 5 Management assessment scores of 120 national nature reserves of various types in Yangtze River Economic Belt

Score characteristics of management status of nature reserves

See Table 1 for score characteristics of each indicator in management assessment. Among the five assessment aspects (including management basis, management measures, management safeguard, management effectiveness and negative impact), the average score of management basis of 120 reserves is 13.84 with an average score rate of 86.5% (full score 16), which is relatively high. The scores of land ownership indicators show that more than half of the reserves (54.5%) have unclear land ownership or proportion of confirmation and registration. The scores of functional zoning indicators indicate that 43.9% of the reserves have inconsistent functional zoning with the approval documents or unclear boundary demarcation and marking. Some studies also show that the land ownership and functional zoning of some reserves are still controversial and need to be further determined [19-20]. Unclear legal status of land ownership will undermine the reserves' legal basis to deal with land ownership issues, which may lead to conflicts with neighboring communities [21]. Therefore, the issues of land ownership and functional zoning should be highly valued by relevant departments.

Average score of management measures is 28.10 with an average score rate of 82.6% (full score 34). Among which, the scores of resource survey indicators are high, and 57.7% of assessed reserves achieve full score. However, the scores of dynamic monitoring indicators are relatively low, becoming a weak point of reserve management measures.

Management safeguard level of reserves is relatively low. The average score of management safeguard is 23.79, with an average score rate of 79.3% (full score 30). Among which, the scores of management system are higher, and 56.1% of the assessed reserves achieve full score. Management rules and regulations have been formulated in

Table 1 Score characteristics of indicators in management assessment of 120 national nature reserves in Yangtze River Economic Belt

Aspect	Indicator	Average indicator score	Average indicator scoring ratio	Average aspect score	Average aspect scoring ratio
Management basis (0~16)	Land ownership (X_1, 0~4)	3.31	82.7	13.84	86.5
	Range limit (X_2, 0~4)	3.72	92.9		
	Functional zoning (X_3, 0~4)	3.52	88.0		
	Information on protected target (X_4, 0~4)	3.30	82.5		
Management measures (0~34)	Planning and implementation (X_5, 0~4)	3.27	81.7	28.10	82.6
	Resource survey (X_6, 0~4)	3.52	88.0		
	Dynamic monitoring (X_7, 0~4)	3.07	76.8		
	Daily management (X_8, 0~7)	5.79	82.7		
	Patrol and law enforcement (X_9, 0~7)	5.92	84.6		
	Scientific research capacity (X_{10}, 0~4)	3.12	78.0		
	Media and education (X_{11}, 0~4)	3.41	85.2		
Management safeguard (0~30)	Management system (X_{12}, 0~4)	3.49	87.2	23.79	79.3
	Institutional arrangement and staffing (X_{13}, 0~5)	3.83	76.6		
	Technical capacity (X_{14}, 0~4)	2.98	74.5		
	Specialized law enforcement agencies (X_{15}, 0~5)	4.10	82.0		
	Finance (X_{16}, 0~5)	3.89	77.9		
	Management and protection facilities (X_{17}, 0~7)	5.50	78.6		
Management effectiveness (0~20)	Protected target changes (X_{18}, 0~16)	13.93	87.0	17.27	86.4
	Community participation (X_{19}, 0~4)	3.34	83.5		
Negative impact (-10~0)	Impact of development and construction activities (X_{20}, -10~0)	-1.59	84.1	-1.59	84.1

all assessed reserves, but the scores of technical capacity, institutional arrangements and staffing are low, which become the weak points of reserve management safeguard.

Average score of management effectiveness is 17.27, with an average score rate of 86.4% (full score 20). Among which, the scores of protected target change are higher.

Average score of Impact of development and construction activities in negative impact aspect is -1.59, with an average score rate of 84.1% (full score 0). Among which, 3 reserves score -10.

According to scoring of all indicators, the indicators of protected target changes and resource survey have relatively high scores. Average score of protected target changes is 13.93, with an average score rate of 87.0% (full score 16). The scores of all reserves, except for two (without sufficient information and monitoring data), are greater than or equals to 10, indicating that most of the reserves in Yangtze River Economic Belt have achieved good protection results. This conclusion is consistent with results from similar research carried out at the national scale [22]. Average score of resource survey is 3.52, with an average score rate of 88.0% (full score 4). 57.7% of the reserves conduct comprehensive scientific investigation and special survey of main protected targets at least once every 10 years, and a comprehensive investigation analysis report is compiled. Since the establishment of some reserves, three comprehensive scientific investigations and several special surveys have been completed respectively, which provide important support for effective protection and scientific decision-making of these reserves. In line with the conclusions of Source's[23] research in four countries (Bhutan, China, Russia and South Africa), the results show that regular preparation of resource survey list is an important means to improve the effectiveness of reserve management.

Four indicators, including impact of development and construction activities, technical capacity, institutional arrangement and staffing, and dynamic monitoring, have relatively low scores. According to the indicator scores of impact of development and construction activities, 84.1% of the reserves have varying degrees of negative impacts. In particular, the development and construction activities in some reserves still have obvious negative impacts on ecological environment of core and buffer zones, and on main protected targets. Average score rates of the three indicators, including technical capacity, institutional arrangement and staffing, and dynamic monitoring, are the lowest, which are 74.5%, 76.6%, and 76.8%, respectively. It is indicating that institutional arrangement, professional staffing, and monitoring system are the constraints of China's reserve management. This conclusion is also consistent with the assessment results of reserves globally[24]. In addition, inadequate institutional arrangement and insufficient staffing (especially professional and technical personnel) have restricted dynamic monitoring of protected targets as well. All of these have negative impacts on improving reserve management[25-26]. In summary, in order to improve reserve management, it is necessary to restrict tourism and other development and construction activities, improve institutional arrangement, strengthen professional and technical personnel setting, and establish a scientific monitoring system focusing on dynamic changes of main protected targets.

As the above analysis shows, the scores of impact of development and construction activities, technical capacity, institutional arrangement and staffing, and dynamic monitoring are generally low. These 4 indicators are the key restrictions to reserve management. Therefore, based on the scores of these 4 indicators, the quantitative characteristics of reserves at different grading levels are analyzed (see Table 2). As shown in Table 2, a certain proportion of reserves with low scores on these 4 indicators are rated as "poor". These reserves should be focused by relevant departments, and corresponding measures should be taken to improve management.

Table 2 Quantitative characteristics of nature reserves based on key indicators

(unit: number)

Scoring level	Impact of development and construction activities	Technical capability	Institutional arrangement and staffing	Dynamic monitoring
Excellent	75	36	30	32
Good	40	5	57	69
Medium	2	0	25	0
Poor	6	30	11	22

Note: Protected areas in Sichuan, Yunnan, Guizhou and Chongqing of rare and endemic fish national nature reserve in the upper Yangtze River are scored separately.

Influencing factor analysis for management of nature reserves

Spearman correlation analysis shows that the indicators most relevant to the overall score of a reserve in management assessment ($R > 0.6$) are patrol and aw enforcement, daily management, technical capacity and management and protection facilities. And they are significantly positive correlated (correlation coefficients are 0.656, 0.646, 0.645, and 0.634, $P < 0.01$). To a certain extent, it also reflects the priority of national nature reserves management in Yangtze River Economic Belt. For reserve construction and management in the future, a few practices should be paid attention to, which include innovating law

Table 3 Correlation coefficients among 20 assessment indicators

	X_1	X_2	X_3	X_4	X_5	X_6	X_7	X_8	X_9	X_{10}
X_1	1.000	0.292**	0.115	0.061	0.158	0.075	-0.021	-0.021	0.066	0.008
X_2		1.000	0.332**	-0.134	0.185*	-0.094	-0.029	-0.107	0.028	-0.061
X_3			1.000	-0.049	-0.028	-0.153	0.116	0.092	0.013	0.009
X_4				1.000	0.002	0.324**	0.312**	0.099	0.165	0.351**
X_5					1.000	0.198*	0.382**	0.269**	0.314**	0.110
X_6						1.000	0.186*	0.198*	0.324**	0.290**
X_7							1.000	0.345**	0.337*	0.414**
X_8								1.000	0.608**	0.342**
X_9									1.000	0.202*
X_{10}										1.000
X_{11}										
X_{12}										
X_{13}										
X_{14}										
X_{15}										
X_{16}										
X_{17}										
X_{18}										
X_{19}										
X_{20}										

Note: * Significantly correlated at $P < 0.05$ (two-tailed test), ** Significantly correlated at $P < 0.01$ (two-tailed test).

of 120 national nature reserves in Yangtze River Economic Belt

X_{11}	X_{12}	X_{13}	X_{14}	X_{15}	X_{16}	X_{17}	X_{18}	X_{19}	X_{20}	Y
0.007	0.123	0.018	0.166	-0.145	0.056	0.034	-0.021	0.316**	0.338**	0.281**
0.049	0.026	0.010	-0.018	-0.124	-0.023	0.082	-0.027	0.087	0.109	0.164
0.038	0.060	-0.016	0.124	0.065	-0.152	0.141	0.083	0.000	0.208*	0.207*
0.460**	0.331**	0.247**	0.359**	0.161	0.246**	0.346**	0.355**	0.238**	0.054	0.472**
0.058	0.125	0.268**	0.260**	0.062	0.258**	0.202*	0.242**	0.194*	-0.008	0.406**
0.290**	-0.002	0.100	0.204**	0.122	0.165	0.161	0.339**	0.220*	0.110	0.355**
0.290**	0.293**	0.393**	0.464**	0.204*	0.257**	0.360**	0.438**	0.089	-0.100	0.561**
0.414**	0.280**	0.476**	0.344**	0.323**	0.154	0.516**	0.418**	0.325**	0.049	0.646**
0.426**	0.291**	0.329**	0.300**	0.367**	0.210*	0.393**	0.331**	0.444**	0.244**	0.656**
0.364**	0.334**	0.462**	0.571**	0.096	0.256**	0.278**	0.365**	0.242**	-0.010	0.516**
1.000	0.197*	0.301**	0.279**	0.175	0.235**	0.435**	0.333**	0.393**	0.026	0.539**
	1.000	0.439**	0.492**	0.352**	0.335**	0.228*	0.220*	0.214*	0.048	0.489**
		1.000	0.577**	0.223**	0.423**	0.447**	0.235**	0.226*	0.003	0.594**
			1.000	0.136	0.277**	0.315**	0.336**	0.243**	0.051	0.645**
				1.000	0.333**	0.271**	0.261**	0.187*	-0.016	0.385**
					1.000	0.350**	0.269**	0.279**	-0.077	0.417**
						1.000	0.258**	0.325**	0.069	0.634**
							1.000	0.233**	0.006	0.562**
								1.000	0.175	0.537**
									1.000	0.298**

enforcement inspection methods, strengthening patrol and law enforcement capabilities, formulating and implementing standardized daily management and protection systems, actively introducing highly-educated personnel suitable for reserve management, improving technical capabilities, improving establishment and maintenance of management and protection facilities such as management sites and warning signs, and setting up independent management agencies and increasing full-time personnel [27-28].

Based on Spearman correlation analysis, the correlation coefficients various indicators are shown in Table 3. The score of daily management indicator is significantly positive correlated with that of indicators of patrol and law enforcement and management and protection facilities (correlation coefficients are 0.608, 0.516, respectively, $P < 0.01$). This result indicates that strengthening patrol and law enforcement as well as management and protection facilities can improve daily management capacity. Daily management, patrol and law enforcement as well as management and protection facilities are important measures and safeguards to improve reserve management quality[29]. There is also a significant positive correlation between the score of technical abilities and the scores of institutional arrangement and staffing as well as scientific research capacity (correlation coefficients are 0.577 and 0.571, respectively, $P < 0.01$). It shows that the technical abilities of staff will be significantly improved, and scientific research capacity will be strengthened in reserves with reasonable institutional arrangement and staffing, which is consistent with conclusion of section 2.2. The score of indicator of protected target change is significantly related to the scores of 15 indicators such as dynamic monitoring and resource survey, indicating that protected target change is a comprehensive reflection of reserve management status. Therefore, it is very important to strengthen the monitoring of dynamic changes of main protected animal populations and the monitoring of ecological environment quality of their habitats for reserve management[30].

Conclusions and recommendations

Conclusion

1) Management of national nature reserves in Yangtze River Economic Belt is generally good, with an average score of 81.41. From the perspective of provinces, reserve management is relatively good in more economically developed areas. Judging from the perspective of time of establishment, the overall score is positive correlated with the duration of establishment of reserves. Judging from the perspective of size, the overall score and size of reserves is negatively correlated. Judging from the perspective of reserve type, management status of wild plant reserves is better than that of wild animal reserves.

2) Among the five assessment aspects (including management basis, management measures, management safeguard, management effectiveness, and negative impact), the score of management basis is relatively high, and the score of management safeguard is relatively low. Among all indicators, the scores of protected target change and resource survey are relatively high, while the scores of impacts of development and construction activities, technical capacity, institutional arrangement and staffing, and dynamic monitoring are relatively low.

3) Indicators most relevant to the overall score of a reserve are patrol and law enforcement, daily management and protection, technical capacity, and management

and protection facilities, which are all positively correlated. To some extent, this reflects the priority of national nature reserve management in Yangtze River Economic Belt. In addition, there is a certain correlation between indicators. There is a significant positive correlation between scores of daily management and protection, patrol and law enforcement and management and protection facilities. There is a significant positive correlation between scores of technical capacity, institutional arrangement and staffing and scientific research capacity. Scores of protected target change are significantly related to that of 15 indicators such as dynamic monitoring and resource survey.

Recommendation

1) This study systematically evaluates management status of national nature reserves in Yangtze River Economic Belt, and finds that scientific research monitoring is weak in this area, especially lacking systematic monitoring around the main protected target and lacking systematic monitoring data. Therefore, it is recommended to carry out a systematic assessment on national nature reserves in Yangtze River Economic Belt every 5 to 10 years, combine management effectiveness assessment with protection effectiveness assessment of main protected targets. Based on the current situation and changing trend of the main protected targets, a comprehensive and standardized scientific research monitoring system needs to be established to promote a fine and grid management of national nature reserves in Yangtze River Economic Belt or even countrywide.

2) Explore establishment of a regional nature reserve alliance network to form a joint force for protection. The Eighteenth National Congress of Communist Party of China proposes the establishment of a national park system. One of the purposes is to

change the pattern of overlapping, multi-management, and fragmented natural resources management and ecological protection. This assessment finds that some of the reserves in Yangtze River Economic Belt are cross different administrative regions, and there are great differences in management and protection capabilities and management concepts of each territory. Some ecosystems are divided into two or more reserves because they span different administrative areas, which is not conducive to the overall protection of ecosystem. It is recommended to follow the structural and functional integrity of each reserve within a certain area. In addition to considering protection of each reserve itself, the coordinated protection of reserves within a certain area should be considered and corresponding coordinated management mechanism should be established. For example, the national nature reserve for rare and endemic fish in the upper reaches of Yangtze River in this assessment spans three provinces and one municipality, including Sichuan, Yunnan, Guizhou, and Chongqing. It is recommended to establish a linkage mechanism for the reserve management across provinces, to better maintain diversity of fish stocks and natural ecological environment in the upstream of Yangtze River. Jinzhai Tianma, Gujingyuan and Yaoluoping nature reserves are all located in the hinterland of Dabieshan Mountain. It is suggested that the above mentioned three reserves actively carry out linkage with other reserves in Dabieshan Mountain area aiming to establish a reserve alliance network in this area, in order to increase cooperation and communication with surrounding reserves, carry out joint law enforcement and scientific research monitoring activities to promote the overall improvement of capacities of all reserves in the region.

3) In view of deficiencies of some reserves in Yangtze River Economic Belt in terms of institutional arrangement and staffing, technical capacity, dynamic monitoring,

and impact of development and construction activities, the first recommendation is to implement institutional arrangement, staffing and financing activities in some reserves as soon as possible. For instance, there are no independent management activities in reserves of Chaqingsongduo white lipped deer and Changsha Gongma in Sichuan Province, which has become a serious constraint for effective management of these reserves. Secondly, the introduction and training system of professional personnel need to be formulated, and management level and scientific research monitoring ability should be constantly improved. For example, reserves such as Wolong, Wanglang, of Sichuan Province, and Lin'an Qingliangfeng of Zhejiang Province, work actively in introduction and training of professional and technical personnel, forming a scientific research team with reasonable structure and a series of scientific research achievements, which can be used for reference by other reserves. Thirdly, strengthen community-reserve comanagement and resolve the conflict of resource utilization. For example, the reserves such as Guizhou Fanjingshan and Chishui *Alsophila spinulosa* have achieved good results by attracting local communities to participate in and assist in management of biodiversity protection and patrol. In addition, a certain number of wetland reserves in Yangtze River Economic Belt are difficult to manage. It is suggested that a good situation of joint management and co-construction with the surrounding communities should be formed by signing agreements on returning fishing to wetlands and bird protection with the surrounding communities.

(This article has been published in *Research of Environmental Sciences*, Volume 33, Number 3, 2020, slightly modified here)

Reference

[1] XU XIBAO, YANG GUISHAN, TAN YAN. Identifying ecological red lines in China's Yangtze River Economic Belt : a regional approach[J].Ecological Indicators, 2019, 96 : 635-646.

[2] ZHOU BANGYANG, LI MENGYUAN.Green development and regional rule of law cooperation : study on the path of legalization of green ecological corridor construction in Yangtze River Economic Belt[R].Manila, Philippines : Singapore Management & Sports Sci. Inst, 2017 : 127-131.

[3] CHEN YUSHUN, ZHANG SHUANGHU, HUANG DESHENG, et al.The development of China's Yangtze River Economic Belt : how to make it in a green way? [J].Science Bulletin, 2017, 62 (9): 648-651.

[4] Ministry of Environmental Protection. China's biodiversity conservation strategy and action plan[M]. Beijing : China Environmental Science Press, 2011 : 5-14.

[5] ZHAO HAIWEI, WU RUIDONG, LONG YONGCHENG, et al.Individual-level performance of nature reserves in forest protection and the effects of management level and establishment age[J].Biological Conservation, 2019, 233 : 23-30.

[6] LUO QIAOLING, LUO LONGYAN, ZHOU QINGFENG, et al.Does China's Yangtze River Economic Belt policy impact on local ecosystem services? [J]. Science of the Total Environment, 2019, 676 : 231-241.

[7] XU XIBAO, YANG GUISHAN, TAN YAN, et al.Ecosystem services trade-offs and determinants in China's Yangtze River Economic Belt from 2000 to 2015[J]. Science of the Total Environment, 2018, 634 : 1601-1614.

[8] WANG ZHENBO, FANG CHUNLIN, CHENG SHAOWEN, et al.Evolution of coordination degree of eco-economic system and early-warning in the Yangtze River Delta[J].Journal of Geographical Sciences, 2013, 23 (1): 147-162.

[9] TIAN YUAN, SUN CHUANWANG.Comprehensive carrying capacity, economic growth and the sustainable development of urban areas : A case study of the Yangtze River Economic Belt[J].Journal of Cleaner Production, 2018, 195 : 486-496.

[10] LIN XIAOSONG, ZHANG LI, DONG YUQI, et al. Distribution characteristics of nature reserves in Changjiang Economic Zone[J]. Resource Development & Market, 2018, 34 (3): 330-334.
[11] ZHENG HAIYANG, JIANG MINGKANG, ZHUO MING, et al. The present status analysis of the effective management of national nature reserves in Zhejiang Province [J]. Environmental Science and Management, 2010, 34 (1): 6-9.
[12] XIE ZHIHONG, XU YONGXIN. Evaluation of management effectiveness of the nature reserves from Hunan Province [J]. Hunan Forestry Science & Technology, 2003, 30 (2): 7-10.
[13] XIA XIN, WANG ZH, XU WANGGU, et al. Construction and application of a model for quantitative evaluation of management basis of nature reserve [J]. Journal of Ecology and Rural Environment, 2013, 29 (1): 117-121.
[14] HOCKINGS M, STOLTON S, DUDLEY N.Management effectiveness: assessing management of protected areas? [J].Journal of Environmental Policy & Planning, 2004, 6 (2): 157-174.
[15] QUAN JIA. Management effectiveness of nature reserves in China: Status quo assessment and countermeasures[D]. Beijing: Research Center for Ecological Environment, Chinese Academy of Sciences, 2010: 1-129.
[16] SHU YONG, ZONG GA, WU HOUJIAN. Analysis on management effectiveness of national natural reserves in Tibet Autonomous Region [J]. Journal of Central South University of Forestry & Technology, 2013, 33 (2): 91-96.
[17] LI JUNSHENG, LUO JIANWU, WANG WEI, et al. The green paper of China's nature reserves - report on the development of national nature reserves[M]. Beijing: China Environment Press, 2015.
[18] ANTHONY B P, SHESTACKOVA E.Do global indicators of protected area management effectiveness make sense? a case study from siberia[J]. Environmental Management, 2015, 56 (1): 176-192.
[19] LIU YI, YUAN XIU, LI JINGWEN, et al. Assessing management effectiveness and setting priorities for nature reserves in Beijing[J]. Forest Resources Management, 2008 (4): 58-63.

[20] DE G N, ESPINOSA R G, FLORES R J, et al.Threats, conservation actions, and research within 78 Mexican non-coastal protected wetlands[J].Journal for Nature Conservation, 2015, 23 : 73-79.
[21] YEH E T.The politics of conservation in contemporary rural China[J].Journal of Peasant Studies, 2013, 40 (6): 1165-1188.
[22] QUAN JIA, OUYANG ZHIYUN, XU WEIHUA, et al. Comparison and applications of methodologies for management effectiveness assessment of protected areas [J]. Biodiversity Science, 2010, 18 (1): 90-99.
[23] SOURCE J E, BY P.Rapid assessment of protected area management effectiveness in four countries[J].Bioscience, 2003, 53 (9): 833-841.
[24] LEVERINGTON F, COSTA K L, PAVESE H, et al.A global analysis of protected area management effectiveness[J].Environmental Management, 2010, 46 (5): 685-698.
[25] RAO M, JOHNSON A, SPENCE K, et al.Building capacity for protected area management in Lao PDR[J].Environmental Management, 2014, 53 (4): 715-727.
[26] KINGSFORD R T, BIGGS H C, POLLARD S R.Strategic adaptive management in freshwater protected areas and their rivers[J].Biological Conservation, 2011, 144 (4): 1194-1203.
[27] COOK C N, CARTER R W, HOCKINGS M.Measuring the accuracy of management effectiveness evaluations of protected areas[J].Journal of Environmental Management, 2014, 139 : 164-171.
[28] MOHSENI F, SABZGHABAEI G, DASHTI S.Management effectiveness and conservation prioritizing the protected areas using RAPPAM methodology (case study : Khuzestan Province) [J].Environmental Monitoring and Assessment, 2019, 191 : 138.
[29] WATSON J E, DUDLEY N, SEGAN D B, et al.The performance and potential of protected areas[J].Nature, 2014, 515 (7525): 67-73.
[30] TULLOCH A, POSSINGHAM H P, WILSON K.Wise selection of an indicator for monitoring the success of management actions[J].Biological Conservation, 2011, 144 (1): 141-154.

Sichuan Wolong National Nature Reserve
(photo courtesy of Sichuan Wolong National Nature Reserve Administration)

Case One

Sichuan Wolong National Nature Reserve:

Towards protection of dual flagship species of "Panda + Snow leopard"

LIU Fangzheng, CHEN Niannian, WANG Wei

Scenery of Wolong National Nature Reserve (photo courtesy of Sichuan Wolong National Nature Reserve Administration)

To mention the Wolong National Nature Reserve (hereafter referred to as the Wolong Reserve), the first thing we think of is giant panda (*Ailuropoda melanoleuca*). As a role model of global biodiversity conservation, giant panda is closely related to Wolong reserve at many important moments. Meanwhile, in Qionglai Mountains where Wolong reserve is located, a fascinating mysterious species is quietly becoming another new owner of the Wolong reserve. It is Snow Leopard (*Panthera uncia*) known as the "King of Snow Mountain". Nowadays, Wolong reserve is stepping towards the protection of dual flagship species of "Panda + Snow Leopard".

Sichuan Wolong National Nature Reserve is located at Aba Tibetan and Qiang

Autonomous Prefecture of Sichuan Province, covering a total area of 200,000 hectares. The main protection target is giant panda and its habitats. Wolong reserve was established in 1963 and was promoted to national level with the approval of the State Council in 1975. It is the first comprehensive nature reserve established in China with the largest habitat area and the main purpose of protecting giant panda and alpine forest ecosystem. Wolong reserve is a nature reserve with integrated political and administrative functions. It has jurisdiction over 2 ethnic towns (including Wolong and Gengda) and 6 administrative villages with nearly 5,000 agricultural population. Of which, minorities such as Tibetan and Qiang account for more than 85%. Management

Molting and attachments of trees indicating naturalness of their habitat (photo by LIU Fangzheng)

agencies of the reserve are Sichuan Wolong National Nature Reserve Administration and Sichuan Wenchuan Wolong Special Administrative Region. The administration is directly affliated with the National Forestry and Grassland Administration (formerly the State Forestry Administration), while the special administrative region belongs to the Sichuan Provincial Government. A special management system of "two brands, same staffing, and joint office" is implemented, which manages not only protection of natural ecological resources, but also economic development of rural communities. There are 121 and 206 authorized personnel for the reserve and for the special administrative region, respectively. In addition to 104 and 187 authorized personnel hired in the reserve and the special administrative region, respectively, there are 125 temporary staff and 150 ecological forest rangers.

Giant panda is a symbol of Wolong Reserve

From the first giant panda field ecological observation station "Wuyi shed" to comprehensive and systematical research activities, such as field ecological behavior observation, artificial breeding and reproduction, and wild training and release of giant pandas, the discipline standard of giant panda studies pioneered by Wolong

China Giant Panda Research Center
(photo by LIU Fangzheng)

National Nature Reserve has become a benchmark for the wildlife protection industry. The giant panda protection system created here is regarded as a role model of biodiversity conservation.

There are 5 permanent forest dynamic monitoring plots and 91 fixed monitoring routes in giant panda habitat in Wolong reserve. According to the fourth national survey of giant panda released in 2015, there are 104 wild giant pandas in the reserve. In 2016, through the more advanced and accurate DNA identification technology, 149 giant pandas have been found living in the reserve, including 63 females and 86 males.

A wild giant panda captured by infrared camera (photo courtesy of Sichuan Wolong National Nature Reserve Administration)

The 2008 Wenchuan Earthquake has had a great impact on the habitat of Wolong giant panda. Secondary disasters such as mountain collapses, landslides and mudslides have exacerbated habitat fragmentation. After ten years of conservation and natural habitat restoration after the earthquake, the quality of giant panda's habitat in Wolong nature reserve is gradually improving. The population of giant panda continues to grow and spread. Individual or group of giant pandas has been encountered or photographed many times by field patrols and infrared cameras.

Snow leopard in Wolong Reserve has gradually come into public view in recent years

Snow leopard is a large carnivore of feline family. They are often called "snow leopard" because they often move near the snow line and in the snow. Snow leopard is at the top of the food chain in mountain ecosystem. As a top predator, the snow leopard's survival status reflects the integrity of the ecosystem and is known as the "barometer of high-altitude ecosystem health". The number of wild snow leopards in China is estimated at 2,000-3,000. *Snow Leopard Survey and Protection Status in China 2018* is jointly released by 19 conservation organizations, scientific research institutions and

A family of snow leopards captured by an infrared camera
(photo courtesy of Sichuan Wolong National Nature Reserve Administration)

"King of Snow Mountain" –Snow Leopard
(photo courtesy of Sichuan Wolong National Nature Reserve Administration)

conservation agencies, including Peking University and Wolong National Nature Reserve Administration. It is pointed out that the climate changes and insufficient motivation of community conservation are the main threats to the survival of snow leopards in China.

Snow leopards are nocturnal animals. They often move around on cliffs and are agile and alert. It is difficult for people to observe directly. To monitor and study on snow leopards, more than 200 infrared cameras are deployed for grid monitoring across approximately 438 square kilometers at an altitude of above 3,500 meters, covering 8 snow leopard habitats and potential habitats. A total of 1,072 images and 2,980 seconds of video are obtained with 286 effective snow leopard detections. Preliminary identification and analysis of monitoring data showed that there were at least 26 snow leopards within an area of 132 square kilometers in the Wolong reserve [1].According to the average distribution density of snow leopard in China, 1 to 3 per 100 square kilometers, the population density of snow leopard in Wolong reserve may be much higher than the national average[2].

Giant panda and snow leopard have become the flagship species of biodiversity conservation in Wolong reserve. For more than 50 years, Wolong reserve has started with flagship species protection, and the umbrella protection effect created has stabilized the structure and function of the entire ecosystem. Especially in conservation and restoration of habitats, the number of top predators (such as snow leopard, leopard, wolf, jackal, etc.) is at a higher level when compared with that of the same type of reserves in the country. The integrity of the food chain guarantees the stable and effective functioning of the ecosystem. After the 2008 Wenchuan Earthquake, the vegetation in the reserve recovered well, and the vegetation coverage rate has exceeded 98%. Due to the adjustment function of ecosystem, the reserve has fresh air, pleasant climate and good water quality.

In November 2018, the assessment team came to Sichuan Wolong National Nature Reserve, checked relevant archives, conducted field visits, and had workshops with reserve management agencies and community representatives. The assessment team believes that under the great attention of the National Forestry and Grassland Adminstration, Sichuan Provincial Government and relevant departments, management of Wolong National Nature Reserve has achieved remarkable results: ① Management

Column

The influence of flagship species on ecological conservation

Flagship species refers to a species that has a special influence and appeal to public awareness on ecological conservation, which can promote community's attention to species protection, and is a representative species for regional ecological maintenance.

The cute image of giant panda is deeply rooted in people's hearts and is loved by people all over the world. It becomes an image symbol in the field of conservation at home and abroad, such as WWF and China Wildlife Conservation Association. Snow leopards are symbols of Asian mountains. They inhabit all year round near the snow line at an altitude of 2,500 to 6,000 meters. They are the top predators of the plateau ecosystem and are known as the "King of Snow Mountains" and "the most beautiful cats on the earth."

By establishing image of flagship species such as giant panda and snow leopard, it has aroused rapid attention of the public, scientific researchers, and policy makers, and has played a mainstreaming role in conservation and utilization of biodiversity. This strategy is really successful. When the whole society, especially the local communities are concerned about the survival status of a species, establishment of a reserve and protection management will be recognized and cooperated by the public. Wolong reserve has a large population and frequent human activities. But when it comes to protecting giant pandas and snow leopards, the community residents are full of pride and responsibility. The survival of flagship species seems to have been linked to the future of local communities. They share a common fate.

system has distinctive characteristics of combining functions of local government and reserve management agencies. It is conducive to improving management and protection efficiency. ② Strong scientific research capacity and advanced monitoring methods have

Ecological environment of Wolong Nature Reserve
(photo courtesy of Sichuan Wolong National Nature Reserve Administration)

played a demonstration and leading role in study and protection of rare and endangered species represented by dual flagship species of giant panda and snow leopard, and protection outcome is remarkable. ③ Community publicity and education are distinctive and rich in contents. It has established a community and volunteer participation mechanism, raised public awareness of protection, and expanded social impact.

Daily monitoring of the reserve
(photo courtesy of Sichuan Wolong National Nature Reserve Administration)

Investigation and monitoring of the Wolony reserve
(photo courtesy of Sichuan Wolony National Nature Reserve Administration)

Appendix:

"Memorabilia for Giant Panda Protection" (Abstract) [3]

In 1950

The Administrative Council of the Central People's Government stipulates protection measures for historic sites, precious cultural relics, books and rare creatures.

In 1963

Four reserves including Sichuan Wolong, Baihe, Wanglang and Labahe were established with giant panda as the main protection target.

From 1974 to 1977

The first national survey of giant panda showed that the number of giant pandas was 2,459.

In 1981

Chinese government and World Wildlife Fund (WWF) signed *Memorandum of Understanding on Protocol and Action Plan for Giant Panda Protection and Research Center.*

In 1983

Bamboo in giant panda's habitat bloomed and died in large areas. Chinese government set up a "leading group for protection and rescue of giant panda".

From 1985 to 1988

The second national survey of giant panda showed that the number of giant pandas in the wild was 1,114.

In 1988 *People's Republic of China Wildlife Protection Law* was issued and implemented. Giant panda was listed as a national level I key protected wild animal.

In 1989 State Forestry Adminstration and WWF jointly prepared *Protection and Management Plan for Giant Panda and its Habitat*.

In 1992 China launched the "Project for Protection of Giant Panda and its Habitats", referred to as "Giant Pandas Protection Project".

In 1999 A ban on natural forest logging was fully implemented in giant panda habitats.

From 1999 to 2003 The third national survey of giant panda was launched. Results showed that the number of pandas was 1,596.

In 2001 State Forestry Administration promulgated *Regulations on Rescue of Wild Panda*.

In 2004 National Working Conference on Giant Panda Protection was convened. A protection strategy was determined, which was based on in situ conservation and supplemented by ex situ conservation.

In 2005

Giant panda was chosen as one of the mascots for 2008 Beijing Olympic Games.

In 2006

China Conservation and Research Center for the Giant Panda released a wild-trained artificial captive giant panda "Xiangxiang" into the wild. This is the first time that artificial breeding giant panda was being released to nature.

In 2006

The 30th UNESCO World Natural Heritage Conference decided to include Sichuan Giant Panda Habitat as a World Natural Heritage in the *World Heritage List*.

In 2008

During the Wenchuan Earthquake, Sichuan's giant panda habitat was damaged by 57.391 hectares. China Conservation and Research Center for Giant Panda was severely damaged. Surviving captive giant pandas were transferred to the Yaan Bifengxia base.

From 2011 to 2014

The fourth national survey of giant panda was completed. Results showed that the number of wild giant pandas was 1,864.

In 2012

The world's first artificially bred giant panda "Taotao" was released to nature in Sichuan Liziping reserve.

In 2013

Lushan earthquake caused a total of 16,600 hectares of vegetation damage in Qionglaishan giant panda habitat.

In 2013

The artificial bred giant panda "Zhang xiang" was put into the adaptation field in Sichuan Liziping reserve. The following month, "Zhang xiang" left the adaptation field and entered natural environment.

In 2014

Artificially bred giant panda "Xuexue" was released to nature in Sichuan Liziping reserve.

In 2014

The reconstruction of giant panda population was officially launched. Feasibility of reintroducing giant pandas in Huayingshan was demonstrated by experts and establishment of the adaptation field were completed. Pre-training was carried out for the introduction of giant pandas.

In 2015

Artificially bred giant panda "Huajiao" was released to nature in Sichuan Liziping reserve.

In 2015

China Conservation and Research Center for Giant Panda was officially established in Wolong, Sichuan.

On September 4, 2016

International Union for Conservation of Nature (IUCN) announced in Hawaii, the United States, that China's "national treasure" giant panda will no longer be listed as an endangered species, and its threat level will be reduced from "endangered" to "vulnerable" . State Forestry Administration of China responded that based on actual work and conservation situations, giant panda is still an endangered species, and it is too early to reduce its protection level.

On October 20, 2016

The artificially bred giant pandas "Hua yan" and "Zhang meng" were released to nature in Sichuan Liziping reserve. This is the first time in the world that two giant pandas were being released at the same time.

On December 5, 2016

XI Jinping, general secretary of CPC Central Committee, state president, chairman of the Central Military Commission, and leader of the Central Comprehensive Deepening Reform Leading Group, chaired the 30th meeting of the Central Comprehensive Deepening Reform Leading Group. The meeting reviewed and approved "giant panda national park system pilot program" .

In March 2017

Captive giant panda "Caocao" achieved natural mating with a wild giant panda, marking the first wild introduction experiment of giant panda in the world.

It is also a major breakthrough in scientific research of giant panda breeding in China.

Reference

[1] LIU YANJIANG, LI XUEYANG, LIANG XUCHANG, et al. Where and how many? The status of snow leopard (Panthera uncia) density surveys and knowledge gaps in China [J]. Biodiversity Science, 2019, 27 (9), 919-931.

[2] Xinhua News Agency New Media. Rare! Four snow leopards in the same frame were photographed in Wolong, Sichuan[EB/OL]. [2019-07-19]. https://baijiahao.baidu.com/s?id=1639447387469355234&wfr=spider&for=pc.

[3] China Giant Panda Conservation and Research Center releases "Memorabilia of Giant Panda Conservation" [EB/OL]. [2017-05-08]. http://www.chinawolong.gov.cn/scwl/c106513/201705/c77aa95a6b3140aaaaa117036cb9e673.shtml.

Hubei Wufeng Houhe National Nature Reserve
(photo courtesy of Hubei Wufeng Houhe National Nature Reserve Administration)

Case Two

Hubei Wufeng Houhe National Nature Reserve:

The combination of daily management and information technologies

FENG Chunting, LUO Jianwu, WANG Wei

Hubei Wufeng Houhe National Nature Reserve is located at Wufeng Tujia Autonomous County, Yichang City, Hubei Province. It is a mountainous area in the eastern part of Wuling Mountain. It is the transition zone from the second step to the third step of China's terrain. Wufeng Houhe National Nature Reserve is one of the important components of endemic center of Eastern Sichuan-Western Hubei (one of the three endemic centers in China) and the relic center of tertiary ancient plants. It is rich in biodiversity, especially characterized by concentrated distribution of rare and endangered plants from the tertiary relics. In addition, it also preserves the largest natural community of *Sycopsis sinensis* in China. Houhe reserve is named after the Houhe river. Houhe belongs to Lishui River system, a tributary of Yangtze River. It runs through the entire forest area from west to east and is 16 kilometers long. Wufeng Houhe reserve belongs

Houhe, China (photo by WANG Wei)

to the remnants of Wuling Mountains at the junction of Hubei Province and Hunan Province. It faces Changyang Bengjianzi National Nature Reserve and Wufeng Provincial Orchid Plant Reserve in the north, Baixihe National Wetland Park, Wufeng National Geopark and Chaibuxi National Forest Park in the east, and Hupingshan National Nature Reserve in Hunan Province in the south.

Houhe reserve was established in 1985, and was promoted to a provincial reserve in 1988, a national reserve in 2000. It joined China Biosphere Reserve Network (CBRN) and International Alliance of Protected Areas (IAPA) in 2017. Houhe reserve is a nature reserve of forest ecosystem type. The main protected targets are forest ecosystem and its biodiversity, rare and endangered wildlife resources and their habitats, such as endangered animals and plants like *Davidia involucrata, Panthera pardus*, and *Muntiacus crinifrons*. The total area of Houhe reserve is 10,340 hectares, including 3,843 hectares of core area, 1,975 hectares of buffer area and 4,522 hectares of experimental area. Houhe National Nature Reserve Administration was established in 2001 and is a public institution with full government funding.

In April 2018, the assessment team came to Hubei Wufeng Houhe National Nature Reserve and drove to Duling overlooking the core area of Houhe reserve. The rolling peaks seemed to be covered in dark green. There were no roads and no people, but it was a paradise for animals. The tranquil primitive forest, various plants and animals allow nature to show great power of life. Standing here, one could overlook Hunan Hupingshan reserve on the other side, which forms a green ocean together with Houhe reserve, protecting the biodiversity of this area. Wufeng National Geopark is located at experimental area of Houhe reserve. The gurgling water, dense woods, various stones,

Mountain scenery of Houhe National Nature Reserve
(photo courtesy of Houhe National Nature Reserve Administration)

and flowers outline a beautiful picture here. Under long-term interaction of flowing water, rocks, and creatures, a variety of peculiar landscapes are formed, such as potholes, insect tracks, deep pool and waterfalls, barrier valleys, and so on. Baixihe is the only undeveloped river in Hubei Province and one of the important tributaries of the middle and upper streams of Yangtze River. It is a habitat corridor that builds a complete ecosystem of two reserves of Houhe and Hunan Hupingshan. It is also one of the rare mountain canyon type permanent river wetlands in China and a Tujia ethnic settlement featuring original mountains, original water, and original villages. Baixihe is a home of amphibians, an eden for fish, a flower world for butterflies, a paradise for birds, and a natural purifier. While protecting biodiversity, Baixihe also promotes the economic income of the community residents. Relying on the ecological resources of wetlands, community residents increase their income through Chinese bee keeping, traditional Chinese medicine, dried and fresh fruits, etc.

On the basis of on-site inspection of reserve management, office infrastructure, and resource conservation, the assessment team consulted a large number of relevant documents and materials, and held discussions with responsible personnel from Yichang City Environmental Protection Bureau, Forestry Bureau, local government and relevant business bureaus, reserve staff, and community representatives. The assessment team found that through a joint efforts of reserve managers, remarkable achievements have been made in the construction and management of Wufeng Houhe National Nature

Insect trail
(photo by FENG Chunting)

Reserve, which are specifically reflected in:

1) Institutional arrangement of the reserve is reasonable, and allocation of professional and technical personnel and management personnel can meet the reserve's needs. Financial resource is stable with steady increasing trend. The management of the reserve pay attention to cultivation, selection and introduction of talents from primary level, and pay attention to adopting a series of measures to improve the overall quality of staff.

2) Scientific research infrastructure of reserve is constantly improved, capability is steadily enhanced, and results are relatively rich. Relying on Houhe Scientific Research

Meteorological station (photo courtesy of Houhe National Nature Reserve Administration)

Institute established in the early stage as a platform, staff of the reserve has actively carried out many scientific researches closely related to protected targets and resource management with universities and scientific research institutions. Since 2011, the scientific research facilities such as herbarium, plantation and monitoring station have been constructed step by step. Resource survey of *Davidia involucrate* and *Cyclocarya paliurus*, and wild plant monitoring have been carried out in cooperation with tiger conservation research center of the former State Forestry Administration, Chinese Academy of Forestry, Institute of Botany of Chinese Academy of Sciences, and Beijing Forestry University. Scientific research cooperation such as feline habitat and *Berchemiella wilsonii* survey have been carried out, which have achieved rich results as well.

3) A relatively complete monitoring system and a comprehensive information management system of the reserve have been established. In 2017, the network of patrol system and scientific survey system was finished to achieve integration of daily management and protection information, to promote the linkage between daily protection management and dynamic monitoring, to improve efficiency of protection management and scientific research, and to achieve significant results in protection management.

4) Patrolling and law enforcement agencies are sound, daily management is in place, regional joint defense and governance work has been carried out, and patrolling and law enforcement activities have achieved remarkable results. The forest police in Houhe reserve and the forest police in the western border of Hunan Province and Hubei Province reached a joint defense cooperation agreement, effectively maintained ecological safety of the reserve.

5) As an innovative working approach, mobile phone application for scientific

Atmospheric negative oxygen ion monitoring system (photo by WANG Wei)

research and resource investigation has been developed. The reserve has made a lot of explorations and attempts in community-reserve co-development, and the desired results and harmonious community relations has been achieved. The awareness of local community to protect ecological environment has been raised, and a healthy community environment has been created to ensure the safety of ecological resources. The reserve actively recruits neighbouring forest farmers to participate in survey, patrol, and supervision, and recruits outstanding community residents to work in the reserve. It also actively guide residents to participate in eco-tourism, carry out community residents training, and promote community economic development.

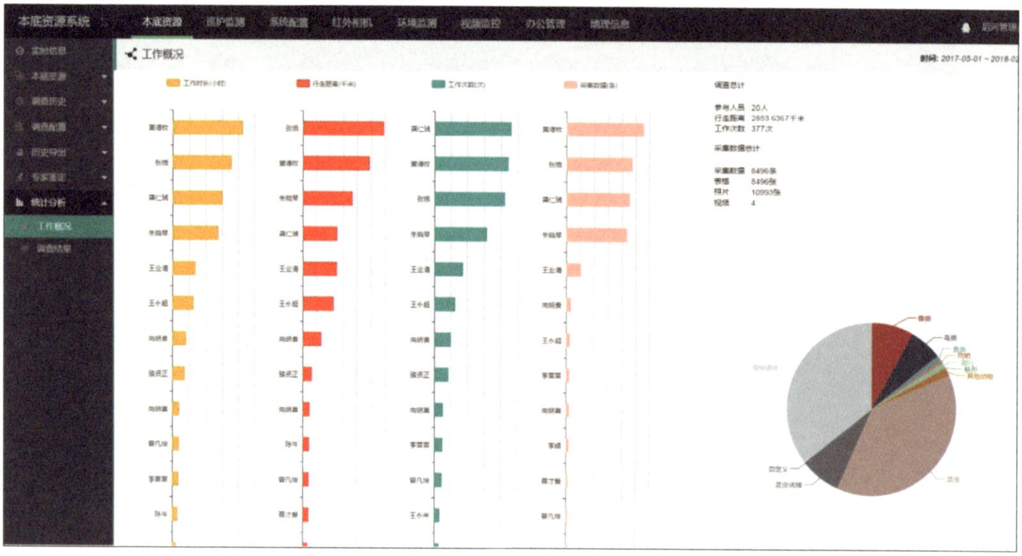
本底资源系统
本底资源
红外相机
环境监测
办公管理
工作概况
时间: 2017-05-01 ~ 2018-02
调查总计
参与人员 20人
行走距离 2853.6367千米
工作次数 377次
采集数据总计
采集数据 8496条
照片 10993张
视频 4

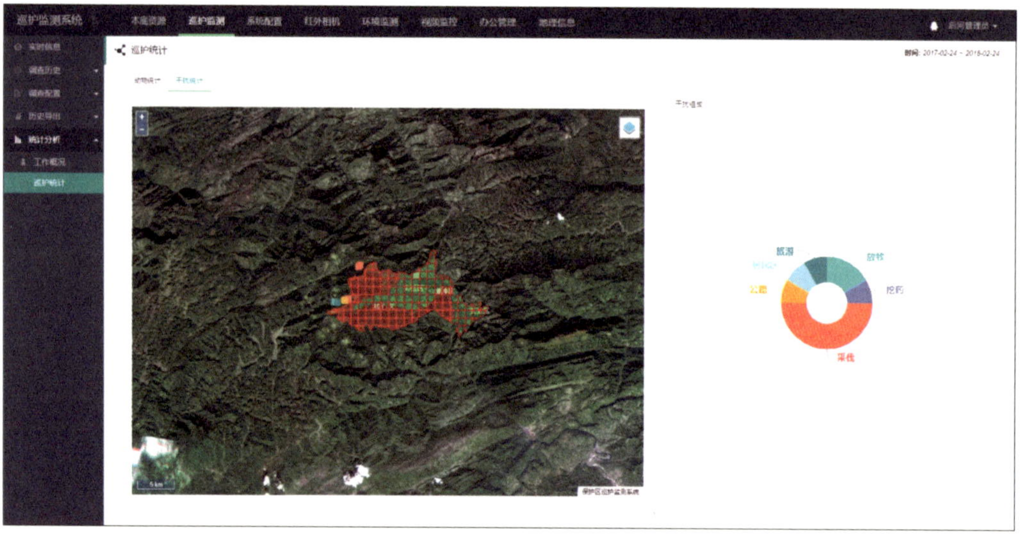
巡护监测系统
本底资源
巡护监测
系统配置
红外相机
环境监测
视频监控
办公管理
地理信息
巡护统计
工作概况
巡护统计
放牧
挖药
采伐

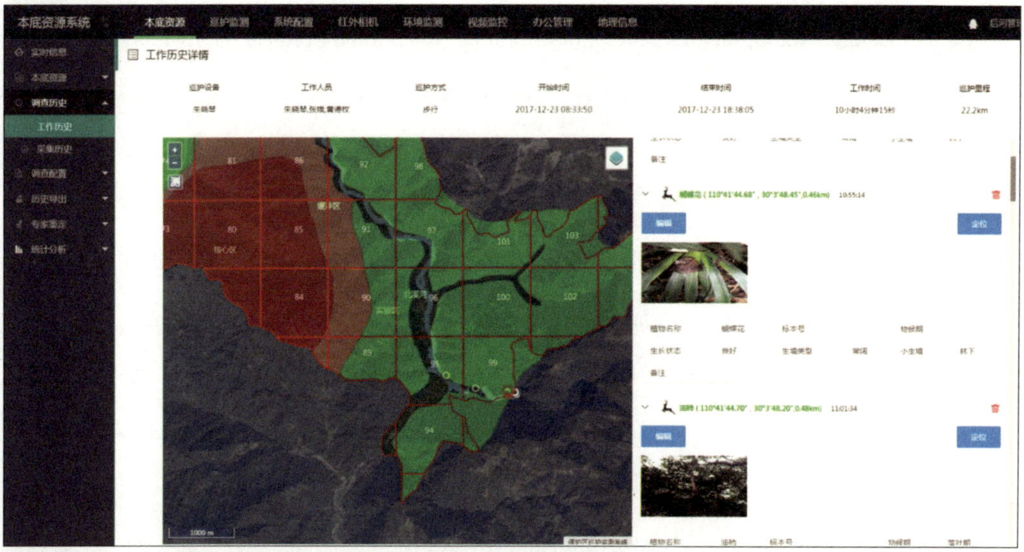

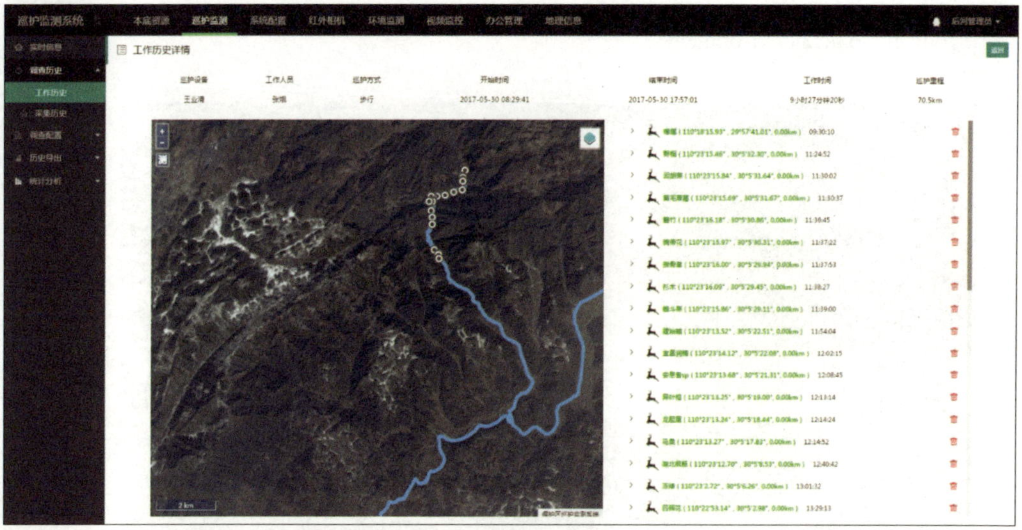

Scientific research monitoring system
(photo courtesy of Houhe National Nature Reserve Administration)

Wufeng Houhe National Nature Reserve and its neighbouring protected areas are all located at the 30-degree north latitude circle, which jointly protect biodiversity and ecosystem integrity and authenticity of Wuling Mountain area. Wuling Mountain reserve group centered on Houhe reserve, integrates forests, peaks, canyons, karst landforms, streams and waterfalls. Its unique natural conditions have bred a variety of national key protected animals and plants, such as forest musk (*Moschus berezovskii*), leopard, golden eagle (*Aquila chrysaetos*) and other animals, *Davidia involucrata*, *Taxus chinensis* and other plants. The reserve solves poverty of community residents by taking measures such as compensation for ecological public welfare forests to farmers and involving communities in protection management. Local Tujia residents live by mountains and rivers, and live together with deep mountains, dense forests, grotesque karst caves, and brooks and ponds. They are indispensable for maintaining a good ecological environment.

Popular science interpretation system (photo by WANG Wei)

Colors (photo courtesy of Houhe National Nature Reserve Administration)

A corner of Sihong Hongzehu Wetland
(photo courtesy of Jiangsu Sihong Hongzehu Wetland National Nature Reserve Administration)

Case Three

Jiangsu Sihong Hongzehu Wetland National Nature Reserve:

Preliminary achievements of returning fishing to wetland project

WANG Wei

Jiangsu Sihong Hongzehu Wetland National Nature Reserve is located at the northwest of Jiangsu Province and in the middle reaches of Huaihe River. It is a rare and well-preserved wetland ecosystem in eastern China. Hongzehu is the fourth largest freshwater lake in China, and the reserve is the most well-preserved and representative area of Hongzehu wetland. It has a wide variety of species and rich natural resources. It is a typical representative of freshwater lake wetland ecosystem in East China and even the whole biogeographic region.

In 2001, Jiangsu Sihong Hongzehu Wetland Provincial Nature Reserve was established with the official approval of Jiangsu provincial government. In 2006, the State Council approved the establishment of Jiangsu Sihong Hongzehu Wetland National Nature Reserve. Total area of the reserve is 49,365 hectares. In recent years, the reserve has been named "Jiangsu Provincial Environmental Protection Publicity and Education Base" , "Jiangsu Provincial Land Science Popularization Base" , "National Science Popularization Education Base" and "National Environmental Protection Science

Wetland Museum
(photo by WANG Wei)

Popularization Base". In 2016, it was rated as "National Excellent Science Popularization Education Base". In 2017, it was rated as "Advanced Unit of National Environmental Protection System".

Management agency of the reserve is Jiangsu Sihong Hongzehu Wetland National Nature Reserve Administration. The administration is a public welfare institution with 15 authorized personnel, and all costs are financed by provincial budget. The main protected targets of the reserve are inland freshwater wetland ecosystem, national key protected birds and other wild animals and plants, fish spawning grounds, and Xiacaowan standard stratigraphic profile.

In January 2018, the assessment team came to Jiangsu Sihong Hongzehu National Nature Reserve, reviewed relevant archives, combined with remote sensing monitoring reports and field visits, and held workshops with staff of reserve administration and community representatives. The assessment team believed that with attention and support of Jiangsu provincial government and administrative department, the reserve

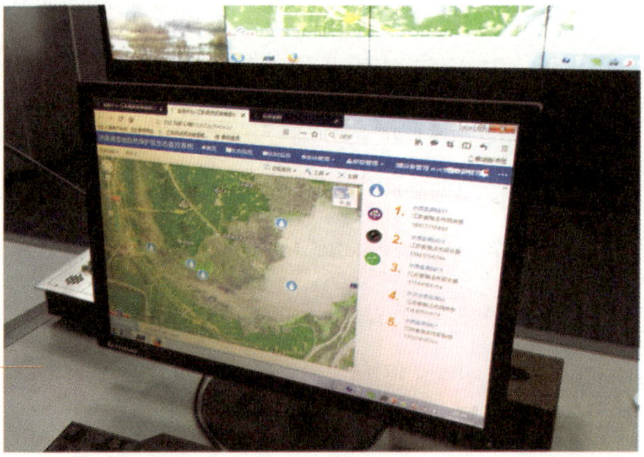

Ecological monitoring system
(photo by WANG Wei)

had achieved remarkable results in management through joint efforts of all reserve staff. These results list as following aspects:

1) Efforts have been made to implement the suggestions and recommendations raised in the first round of assessment in 2008, and management agency, staffing and finance have been put in place. Currently, there are 13 authorized personnel working in the reserve including 2 senior engineers and 3 assistant engineers. Among them, 8 people are undergraduates and 5 with college degree or above, majoring in environmental science, ecology, environmental engineering, or environmental monitoring. Additional 19 staff are employed with relevant certificates to participate in daily protection and management of the reserve.

2) An all-weather ecological monitoring system integrating automatic monitoring of meteorology, atmosphere, hydrology, water quality and video monitoring has been built in the reserve. By making full use of digital mobile technology, a dynamic monitoring network combining traditional inspection and modern monitoring has been formed.

3) In July 2006, the reserve obtained the state-owned land use warrant issued by Sihong county government. A joint conference mechanism for Sihong Hongzehu wetland protection was established with Sihong county government, and "7 + 1" co-construction mechanism was creatively established. Each year, seven villages and towns around the reserve signed a letter of responsibility for co-construction on returning fishing to wetland and ecological restoration and an agreement on bird protection, forming a good situation of co-construction and management with neighbouring communities. Actions on returning fishing to wetland and seine removal were carried out to demolish seines and dams in a planned way. The total area of returning fishing to wetland and ecological

Wetland Museum (photo by WANG Wei)

restoration is 110,516 mu.

4) The main protected targets in the reserve have been effectively protected. Wild plants such as *Phragmites communis,* lotus, *Triarrhena sacchariflora*, *Trapa incisa* and *Euryale ferox* have been restored. Water quality has been significantly improved. Bird population has increased by more than 30% compared with five years ago. In particular, fish population have increased from 52 species in 2004 to 68 species in 2013. In 2012, there were 147 species of birds, which increased to 199 species in 2016 after returning fishing to wetland and ecological restoration. Among which, 8 national key protected and rare and endangered birds have been newly observed to inhabit and reproduce here, including white cranes (*Grus leucogeranus*), blue-headed duck (*Aythya baeri*), white-fronted goose (*Anser albifrons*), white spoonbill (*Platalea leucorodia*) and red-footed

falcon (*Falco amurensis*). *Paradoxornis heudei*, an endangered bird in the world, has settled here as well.

5) Through preparation of "Eco-tourism Plan of Jiangsu Sihong Hongzehu Wetland National Nature Reserve" and "Environmental Impact Assessment Report of Jiangsu Sihong Hongzehu Wetland National Nature Reserve Eco-tourism Plan" , overall planning and management of ecotourism in the reserve has been realized.

Great Egret (*Ardea alba*) (photo courtesy of Jiangsu Sihong Hongzehu Wetland National Nature Reserve Administration)

Wetland landscape shooting by drone (photo by WANG Wei)

Finally, the assessment team suggested that the following aspects should be further improved in reserve management and protection: ① Strengthen capacity on protection, monitoring and law enforcement, and promote the refined and grid reserve management. ② Speed up the process of returning fishing to wetland on seine aquaculture in reserve buffer zone. ③ Properly balance the relationship between production and living for fishermen in local community and the reserve.

Column

Returning fishing to wetland project of Jiangsu Sihong Hongzehu Wetland National Nature Reserve

In recent years, with the gradual implementation of returning fishing to wetland project, preliminary outcomes have been produced in terms of ecological benefits, economic benefits and social benefits.

In terms of ecological benefits, firstly, the balance of lake wetland ecosystem is maintained. After implementation of returning fishing to wetland project, along with the steady restoration of lake wetland habitat, suitable living and breeding habitats for rare birds have been created, which can further improve stability and biodiversity of the ecosystem, and can improve the regional microclimate. Secondly, ecological function of

Wetland Spring (photo courtesy of Jiangsu Sihong Hongzehu Wetland National Nature Reserve Administration)

wetland on water purification is highlighted. After finishing returning fishing to wetland project, a total of 110,516 mu of aquaculture purse seine is demolished and 1,473.5 hectare of wetland vegetation is restored through natural and artificial restoration (estimated according to 20% of reclaimed area). Taking *Phragmites communis* and *Triarrhena sacchariflora* as examples, the absorption and transformation of nitrogen and phosphorus can be greatly improved. According to the calculation based on average purification rate of nitrogen and phosphorus, 0.095 tons/hectare per year and 0.026 tons/hectare per year, respectively, the total amount of nitrogen and phosphorus degradation in water reaches 139.98 tons and 38.31 tons per year, which effectively improves water quality, provides high-quality water source for the East Route of South to North Water Transfer Program, and produces huge ecological benefits. Thirdly, carbon sequestration capacity of wetland vegetation is improved. Since reserve's establishment, a large area of aquatic vegetation has been protected and restored. Especially, the emergent plants such as *Phragmites australis*, widely distributed in reserve, are huge biomass carbon pools and high carbon sink ecosystems, which are of positive significance for reducing regional greenhouse gas concentration and mitigating climate change. Calculating based on carbon sequestration capacity of *Phragmites communis* as 16.2 tons/hectare per year (restoration of 1,368.9 hectares of *Phragmites communis* and *Triarrhena sacchariflora*), after the project implementation, carbon sequestration increases by 22,176.18 tons annualy and ecological function is remarkable.

In terms of social benefits, firstly, rich wetland ecological resources provide people with excellent water quality, fresh air, unique ecological natural landscapes, and ecological aquatic products. They are also ideal places for people to take ecological vacations and travels, helping people to improve quality of life and raise ecological protection awareness. Secondly, the development of eco-tourism, ecological breeding and various business activities not only invigorate the economic development of surrounding communities, but also promote the adjustment and optimization of industrial structure, promote prosperity of various industries, and provide a large number of employment opportunities. These changes are conducive to the formation of a harmonious social environment. Thirdly, with the restoration and improvement of wetland

A corner of summertime wetland (photo courtesy of Jiangsu Sihong Hongzehu Wetland National Nature Reserve Administration)

Autumn scenery (photo courtesy of Jiangsu Sihong Hongzehu Wetland National Nature Reserve Administration)

ecosystem, Hongzehu wetland can become an ideal base for scientific research and environmental science education for colleges and tourists. And scientific research value and social popularity of Hongzehu wetland will be further improved.

In terms of economic benefits, firstly, it can promote development of local eco-tourism. The unique wetland ecological natural landscape will greatly increase the value of eco-tourism, stimulate local tourism, promote residents to develop tourism products such as farmhouses, fishing, and leisure farms, continuously create local job oppotunities and increase income of residents. Secondly, enhance the value of ecological fisheries. The demolition of purse seine has improved water quality in the area, restored fragmented habitats and wild fish migratory pathways, increased the diversity and quantity of organic fish population in open water area. The quality of aquatic products in Hongzehu has been improved and the added value of fishery has increased. Thirdly, it promotes the development of other ecological industries. The improvement of the ecological environment has made local aquatic products (such as crabs, lobsters, and silver fish) and agricultural products (such as Chinese date and rice) to be more high-quality. It is conducive to local development, processing and sales of ecological organic products, forming a brand effect, increasing added value of products, and achieving considerable direct or indirect economic benefits.

In summary, the implementation of Sihong Hongzehu Wetland National Nature Reserve Project for Returning Fishing to Wetlands has generated huge ecological benefits, significant social benefits, and considerable economic benefits. It has important practical significance and far-reaching historical significance.

Overwintering migratory birds (photo courtesy of Jiangsu Sihong Hongzehu Wetland National Nature Reserve Administration)

Hubei Shennongjia National Nature Reserve
(photo courtesy of Shennongjia National Park Administration)

Case Four

Hubei Shennongjia National Nature Reserve:

Significant protection outcome and upgraded management system

LUO Jianwu

Shennongjia National Nature Reserve is located at the northwest of Hubei Province and the southwest of Shennongjia forest region. It is located between Yangtze River and Hanshui River at the junction of Hubei Province and Chongqing City. Its geographical location is 110° 03′ 05″ ~110° 33′ 50 east longitude and 31° 21′ 20″ ~31° 36′ 20″ north latitude. Shennongjia Provincial Nature Reserve was established in 1982 and was promoted to national nature reserve in 1986. After demarcation in 1988, the area of the reserve was determined as 70,467 hectares, involving 6,537 people from 1,595 households in 10 villages and 3 townships in Shennongjia forest region. The main protected targets of Shennongjia National Nature Reserve are northern subtropical forest ecosystem and endemic and rare species, such as *Davidia involucrata* and *Rhinopithecus roxellanae*. Shennongjia National Nature Reserve has a relatively well-preserved northern subtropical forest ecosystem, is rich in wild animals and plants, and is a key habitat for rare and endangered species. There are 3,684 species of higher plants in the reserve, 25 species of national key protected wild plants such as *Davidia involucrata* and *Taxus chinensis*, 116 species of endemic plants such as *Dendranthema indicum*, and 243 species of ancient and relict plants. There are 544 species of beasts, birds, reptiles and

Overlook of Shennongjia National Nature Reserve (photo by GUO Xiaotao)

Sichuan snub-nosed monkey (photo by GUO Xiaotao)

amphibians, and 84 species of national first- and second-level protected wild animals, among which Sichuan snub-nosed monkey is the flagship species of the reserve. There are 4,238 species of insects. In addition, there are abundant geological heritage resources as well.

Shennongjia National Nature Reserve was selected as a member of the UNESCO World Biosphere Reserve Network in 1990. In 1995, it became one of the first 10 nature reserves in China funded by Global Environment Facility (GEF). In 2013, it was included in UNESCO World Geopark List. In 2016, It was inducted into UNESCO World Heritage List. Shennongjia reserve is a forest and wildlife nature reserve. In 2016, it was approved by National Development and Reform Commission as the first batch of national park pilot.

In March 2018, the assessment team assessed Hubei Shennongjia National Nature Reserve. The assessment team visited Shennongding Administration, Shennongding Management and Protection Center, Wenshui Management and Protection Center, Yinyuhe Management and Protection Station, Xiaolongtan Wildlife Rescue Station, and Shennongjia Nature Exhibition Hall and investigated their current situation of resource conservation. The assessment team consulted relevant documents and materials, and held workshops with Shennongjia Forest Government, Environmental Protection Bureau, reserve staff and community representatives.

After thorough discussion and collective scoring, the assessment team believed that Shennongjia National Nature Reserve has been highly valued and strongly supported by the State, Hubei Province, Shennongjia Forest Government, and relevant departments since its establishment. Through the joint efforts of reserve administrative staff,

Access to data by national nature reserve management assessment team (photo by LUO Jianwu)

remarkable achievements have been made:

1) Actively implement national park system, together with multiple administrative agencies apply for and being approved as a pilot of Shennongjia national park system, laying a foundation for the construction of a national park-based nature reserve system in China. At the same time, *Shennongjia National Park Protection Regulations* was issued, which made it clear that the main protected targets of a reserve shall be put into the strict protection area, and that "damage caused by wild animals" shall be included in the ecological protection compensation.

2) Scientific research infrastructures and scientific research capabilities have been further strengthened. The reserve has established Shennongjia Snub-nosed Monkey

Research Base of State Forestry Administration (now changed as the State Forestry and Grassland Bureau, the same below), Nature Reserve Research Center of Shennongjia Research Institute of National Forestry Administration, and Hubei Provincial Key Laboratory of Conservation Biology for Shennongjia Snub-nosed Monkeys (which has three affiliated organizations including Shennongjia Snub-nosed Monkey Research Base, Shennongjia Snub-nosed Monkey Protection and Research Center, and Xiaolongtan Wildlife Rescue Station). The reserve has also established other research platforms such as Doctoral Workstation of Beijing Forestry University, Shennongjia National Atmospheric Environment Background Monitoring Station, Hubei Snub-nosed Monkey Protection and Research Center, Hubei Shennongjia Ecological Station, Shennongjia Geological Scientific Research Institute, Dalongtan Snub-nosed Monkey Field Research Base, Sister Peak Snub-nosed Monkey Artificial Breeding Base, and Shennongjia Nature Exhibition Hall. The Snub-nosed Monkey Habitat and Behavior Monitoring Platform was established to automatically monitor wild animals in real time. In addition, two academician and expert workstations have been established, and a high-level scientific and technological innovation platform has been established. Cooperation has been built with more than 40 scientific research institutes, colleges, and universities, which has strengthened the scientific research capabilities of the reserve and provided solid support for nature protection.

3) Remarkable achievements have been made in resource management. The forest coverage rate and the biodiversity of wild animals and plants in the reserve are on the rise. Both population and habitat area of main protected species, Sichuan snub-nosed monkey, have increased.

4) Monitoring means are rich, and management and protection outcome are remarkable. Shennongjia reserve adopts a management structure of administration bureau, management office and management center. And it takes the lead in using "3S" technology [global positioning system (GPS), geographic information system (GIS), and satellite remote sensing technology (RS)] by cooperating with Beidou patrol terminal, infrared camera, video surveillance equipment to carry out effective daily patrol and scientific research monitoring. An integrated management system for civil defense, material defense and technical defense was formed, which effectively protected various natural resources in the reserve.

Western Hubei and eastern Chongqing Adjacent Nature Reserve Alliance was established in Shennongjia (photo courtesy of Shennongjia National Park Administration)

5) Actively prepare for the establishment of nature reserve alliances. In June 2018, Western Hubei and eastern Chongqing Adjacent Nature Reserve Alliance was established in Shennongjia. Seven reserves in Hubei and Chongqing signed an alliance agreement and issued an initiative to break through administrative division restrictions in resource protection, forest fire prevention, crime fighting, and scientific research, and build a

working mechanism for interactive integration and collaborative construction of regional protected areas to promote the conservation of biodiversity and the sustainable use of natural resources in the Qinba mountains. The establishment of "Western Hubei and East Chongqing Adjacent Nature Reserve Alliance" promotes cross-regional and inter-provincial ecological protection coordination and linkage, and helps to promote the

Exhibition of specimens in exhibition hall (photo by GUO Xiaotao)

construction of ecological civilization in an all-round way, forming a new pattern of "Joint Efforts for Great Protection" in Qinba mountains.

6) Attach great importance to publicity and education. Make full use of Shennongjia Nature Exhibition Hall and other venues to promote and display biodiversity of the reserve. Combined with Wildlife Conservation Day, Earth Day, Wetland Day, etc., various science popularization and education activities such as entering schools and communities have been carried out. Many popular science books and documentaries were compiled and recorded, and ecological protection publicity was carried out in various media.

7) Combining targeted poverty alleviation and vigorously developing eco-tourism, an effective community co-management model has been formed. A targeted poverty alleviation on-site team was set up to contribute to improve the production and living conditions of residents, and to provide special subsidies for ecological immigrants. A harmonious win-win community co-construction and co-management model was formed, and local villagers were hired as ecological forest rangers. Utilize abundant tourism resources to develop eco-tourism and drive local communities to participate in various tourism and services. The local employment of tourism enterprises reaches more than 80%, and 50% of the community's population directly benefits from tourism. The per capita income of local community has been greatly increased, which increases the income of residents.

National nature reserve management assessment team recommended that protection management of the reserve should be further improved in following aspects: ① Further strengthen dynamic supervision of human activities such as production and non-point source pollution in the reserve and consider the feasibility and necessity of ecological migration. ② Carry out the concept of giving priority to protection of natural resources, implement a strict protection system, focus on the impact of tourism development on the reserve, and better handle the relationship between protection and tourism. ③ Shennongjia reserve has a good supporting facilities and professional equipment basis for scientific research and monitoring. It is necessary to strengthen "soft power", such as culture, management, and personnel capacities of scientific research. While paying attention to "star" species such as snub-nosed monkey, improve the comprehensiveness of scientific research and monitoring of the reserve.

Shennong aroma (*Dendranthema indicum* var. *aromaticum*) (photo courtesy of Shennongjia National Park Administraition)

In 2015, Shennongjia, as one of the first ten national park system pilots in China, began to explore the pilot construction of national park. In November 2017, the 31st Meeting of the Standing Committee of Hubei Provincial Congress passed *Shennongjia National Park Protection Regulations*, which was officially implemented on May 1, 2018. *Shennongjia National Park Protection Regulations* clearly stipulates the requirements for management system and responsibilities, planning and zoning, resource protection and management, service and supervision, social participation, and legal responsibilities for the next step (see attachment for details). The construction of Shennongjia National Park Pilot Project integrates Shennongjia World Natural Heritage Site, National Nature Reserve, National Wetland Park, National Forest Park, National Geological Park, Provincial Scenic Area, Dajiuhu Provincial Nature Reserve and other nature reserves in the region. It rationalizes the management system, enhances the connectivity, coordination, and integrity of protected areas to better promote the protection of biodiversity.

Shennongjia National Park website（http://www.snjpark.com）

Column

Shennongjia Nature Reserve achieved protection results

In 2016–2018, with the support of Observation Station Alliance Project of Chinese Academy of Sciences, Xishuangbanna Tropical Botanical Garden of Chinese Academy of Sciences and Chinese Research Academy of Environmental Sciences jointly implemented a project "Typical Nature Reserve Protection Effectiveness Assessment of China" , in which assessment work of Shennongjia National Nature Neserve was specifically carried out by Institute of Botany, Chinese Academy of Sciences.

Shennongjia primeval forest (photo by GUO Xiaotao)

Sichuan snub-nosed monkey (photo courtesy of Shennongjia National Park Administration)

Studies have shown that Shennongjia reserve has achieved good results in main protected targets protection. Overall, the establishment of Shennongjia reserve has slowed forest loss and habitat degradation, increased forest coverage and suitable habitat for Sichuan snub-nosed monkey, and the degree of habitat fragmentation has decreased significantly. In addition, the implementation of ecological projects such as natural forest protection and returning farmland to forests have further improved the protection effectiveness of the Shennongjia reserve.

The specific results are as follows: ① Shennongjia has preserved the most complete original evergreen deciduous broad-leaved mixed forest. Since its establishment, the forest area in the reserve has increased by 34.27%, and the forest coverage has increased from 47.94% to 64.36%, of which 82.77% of the newly added forests have been converted from shrubs and sparse forests. Before (1990) and after (2010) the implementation of Natural Forest Protection Project and Returning Farmland to Forest Project, forest area of the reserve increased from 428.45 to 528.04 square kilometers, an increase of 23.24%, and forest coverage increased by 12.77%. ② Shennongjia is the only habitat of Sichuan snub-nosed monkey Hubei subspecies (*Rhinopithecus roxellana hubeiensis*). Judging from the area of the Sichuan snub-nosed monkey's habitat, the most suitable habitat area has increased by 17.70% since the establishment of the reserve. After implementation of Natural Forest Protection Project and Returning Farmland to Forest Project, the most suitable habitat of Sichuan snub-nosed monkey has increased by 14.29% than before. In terms of habitat fragmentation, the fragmentation of Sichuan snub-nosed monkey habitat has been significantly slowed down after the establishment of the reserve. In 2015, the aggregate population capacity of the most suitable habitat increased by 515.17% compared with that before the establishment of the reserve (1980). After the implementation of Natural Forest Protection Project and Returning Farmland to Forest Project (2010), population capacity of Sichuan snub-nosed monkey in the most suitable habitat increased by 367.20% compared with that before the project (1990).

Attachment:

Shennongjia National Park Protection Regulations

Chapter 1　General Rules

Article 1　These regulations are formulated to standardize management and service activities of Shennongjia National Park, protect authenticity and integrity of natural ecosystem of Shennongjia, ensure national ecological security, and promote the construction of ecological civilization, in accordance with relevant laws, administrative regulations and *General Plan for Establishing a National Park System*.

Article 2　These Regulations are applicable to protection and management of Shennongjia National Park.

Shennongjia National Park is established with the approval of the State and led by the State.

It is composed of Shennongjia World Natural Heritage Site, National Nature Reserve, National Wetland Park, National Forest Park, National Geopark, Provincial Scenic Spot, and Dajiuhu Provincial Nature Reserve.

According to the protection needs of Shennongjia National Park, provincial government delineates adjacent reserves and makes it known to the public, to promote coordinated protection of Shennongjia National Park and surrounding areas.

Article 3　Protection and management of Shennongjia National Park shall follow the principles of protection first, scientific planning, zoning management, social participation, and sustainable development, and shall be strictly implemented in accordance with relevant state provisions.

Article 4 Provincial government is responsible for providing guidance and supervison to Shennongjia National Park, incorporating the development of Shennongjia National Park into national economic and social development plan, establishing and improving institutional arrangement of Shennongjia National Park, improving ecological protection performance evaluation system and ecological protection compensation mechanism, and listing the financial cost of Shennongjia National Park including ecological protection, ecological restoration, ecological construction and other protection and management activities in national fiscal budge.

Article 5 Provincial government shall formulate policies and measures to support residents in Shennongjia National Park to improve their production conditions and living standards by means of targeted assistance, industrial adjustment, and ecological migration. It shall increase the efficiency of financial payment to key ecological function areas of Shennongjia forest region (hereinafter referred to as forest region), and promote the economic and social development of Shennongjia region.

Article 6 Governments at all levels and relevant departments shall strengthen publicity and education of Shennongjia National Park and promote protection and management of Shennongjia National Park.

Radio, television, newspapers, Internet, and other media should strengthen publicity and guidance, popularize ecological culture, raise public awareness of ecological protection, and carry out public opinion supervision.

Encourage grassroots self-governing organizations, civil societies, and volunteers to carry out publicity on national park laws and regulations and ecological protection knowledge, creating a good atmosphere.

Chapter 2 Management Mechanism

Article 7 Provincial government shall establish a joint meeting system for national park management, study and formulate national park management mechanisms and measures, integrate and coordinate major matters such as Shennongjia National Park planning, land use and control, natural resource asset management, franchising, and ecological protection compensation. It shall study and solve major problems in national park management and protection. Daily work of joint meeting is undertaken by development and reform department of provincial government.

Article 8 Shennongjia National Park administrative agency (hereinafter referred to as national park administrative agency) established by provincial government is responsible for unified performance of administrative management duties such as ecological protection, natural resource asset management, franchise management, social participation management, and publicity and promotion within Shennongjia National Park. The list of powers and responsibilities of national park administrative agency shall be formulated by provincial government.

National park administrative agency shall perform comprehensive resource and environment law enforcement duties within the scope of Shennongjia National Park, and collectively exercise the power of administrative punishment in accordance with law.

Provincial government shall integrate responsibilities and personnel of relevant departments of local government involved in natural resource management and ecological protection into the scope of national park administrative agency, following the principle of streamlining and efficiency.

Article 9 Departments of finance, land and resources, environmental protection, urban and rural construction, water administration, agriculture, forestry, culture, tourism and other departments of provincial government shall perform in accordance with their respective responsibilities, and strengthen supervision of Shennongjia National Park management according to law.

Article 10 Local government of forest area shall perform duties of comprehensive coordination of economic and social development, public services, social management, and market supervision in Shennongjia National Park.

The township government concerned shall assist national park administrative agency to strengthen ecological management and protection.

Relevant village (resident) committees shall guide residents to develop green and environmentally friendly production and lifestyle and assist in ecological protection of Shennongjia National Park.

Article 11 National park administrative agency shall, in accordance with relevant provisions of the State, perform management duties of various nature reserves in Shennongjia National Park, including World Natural Heritage Site, nature reserves, wetland parks, forest parks, geoparks, scenic spots, etc.

Article 12 A performance appraisal system for ecological protection of Shennongjia National Park shall be established, and the system for natural resources off-office auditing of cadres and accountability for ecological environmental damage shall be implemented. The specific measures shall be formulated by provincial government.

Provincial government shall organize a third-party assessment in Shennongjia National Park on natural resource management, ecosystem status, environmental quality changes and implementation of ecological civilization. The assessment results shall be taken as an important basis for ecological protection performance appraisal.

Article 13 An expert advisory committee shall be established in Shennongjia National

Park to provide professional consultation and decision-making support for protection and management of national park.

Chapter 3 Planning and Zoning

Article 14 Planning of Shennongjia National Park should be consistent with national ecological function zoning, national and provincial main functional zone planning, and be connected with land use planning, urban and rural planning and other spatial planning, and strictly abide by the red line of environment resource.

Article 15 Planning of Shennongjia National Park includes overall planning and special planning, which shall include the overall layout, functional zoning, resource conservation, scientific research monitoring, popular science education, recreation display, community development, public participation and management system.

Planning of Shennongjia National Park shall be organized and compiled by national park administrative agency and submitted to provincial government for review and approval. Among the planning, overall plan shall be submitted to standing committee of provincial people's congress for deliberation and approval by provincial government, and then submitted for approval in accordance with legal procedures.

Article 16 Environmental impact assessment shall be carried out according to law when compiling planning of Shennongjia National Park. And procedures such as risk assessment, expert argumentation and public consultation shall be carried out, and a hearing shall be held when necessary.

The approved planning of Shennongjia National Park shall be published in time and strictly implemented, and no alteration or adjustment shall be made without authorization; if it is really necessary to change or adjust, it shall be submitted for approval in accordance with the original procedures.

Article 17 Shennongjia National Park is divided into strictly protected areas, ecological conservation areas, recreational display areas and traditional utilization areas according to ecological functions and protection goals.

Strictly protected areas are the areas with the most complete natural ecosystem, concentrated distribution of core resources and fragile natural environment in Shennongjia National Park. They are protected by means of closures and natural restoration. Except for scientific research needs, no one is allowed to enter.

Ecological conservation areas are large areas of primary ecosystems in Shennongjia National Park and areas that have been damaged to a certain extent and need to be restored. Necessary biological measures should be taken to protect them.

Recreational display areas are areas that intensively undertake the functions of national park recreation, exhibition, science popularization, education and so on.

Traditional utilization areas are areas of production and living that allow sustainable use of natural resources.

Article 18 National park administrative agency shall set up national park boundary markers and both boundary markers and boundary stakes set up for strictly protected areas.

No institution or individual may destroy or move boundary markers or boundary stakes without authorization.

Article 19 Shennongjia National Park shall strictly control the planning and construction and prohibit other development or construction activities except for the transformation of production and living facilities that do not damage the ecosystem and natural sightseeing, scientific research, education and tourism.

All kinds of construction projects within Shennongjia National Park shall be licensed in accordance with law, and relevant authorities shall solicit opinions from national park administrative agency before permission.

Approved major infrastructure construction projects shall not pass through strictly protected areas and ecological conservation areas; if communications, power grids and other construction projects really need to pass through ecological conservation areas, they shall be fully demonstrated and scientifically designed and rationally constructed to avoid impact on ecological environment.

If the existing construction project does not comply with planning of Shennongjia National Park, it should be reconstructed or demolished within a limited time according to planning requirements.

For approved construction projects, contractor and construction companies shall formulate pollution prevention and water and soil conservation plans, and take effective measures to maintain vegetation, water bodies, wild animal and plant resources and topography and landform; if environmental damage is caused by construction, ecological restoration shall be carried out simultaneously .

Chapter 4 Resources Conservation

Article 20 Objects of Shennongjia National Park resource protection are:

(1) Natural resources, including core resources such as geological and morphological wonders, north subtropical virgin forests, evergreen deciduous broad-leaved mixed forest ecosystems, peat moss wetland ecosystems, north subtropical ancient relics, rare and endangered endemic species and their key habitats represented by snub-nosed monkeys, *Abies fanjingshanensis*, and *Davidia involucrata*.

(2) Culture resources, including Shennong yandi culture, Sichuan-Hubei ancient salt roads, South China mammal fossils, ancient human paleolithic sites, and mythological epic poems of Han nationality.

(3) Other resources that need to be conserved.

Article 21 Provincial government shall establish a natural and human resources survey system for Shennongjia National Park, organize background surveys and periodic surveys of natural resources, culture resources and other resources in Shennongjia National Park, and prepare balance sheets reflecting stocks and changes of resources.

Article 22 The real estate registration agency shall, in accordance with relevant laws and regulations, jointly work with national park administrative agency and relevant departments to carry out ownership registration for natural resources such as water flows, forests, mountains, grasslands, wastelands, and tidal flats in national park, and clarify type, area and ownership of various natural resources.

Provincial government shall assume the ownership of natural resource owned by the whole people in Shennongjia National Park in accordance with the state regulations, and national park administrative agency shall be responsible for specific protection and management.

For the collective or individual owned natural resource in Shennongjia National Park, national park administrative agency may standardize the circulation through lease, replacement, and other means or through signing cooperation agreements with owner and contractor in accordance with national regulations to realize unified and effective management.

Article 23 Provincial government shall organize and formulate relevant management measures and standards for ecological environment management and control, natural and cultural heritage protection, and biodiversity conservation of Shennongjia National Park, which shall be published to the public for social supervision.

Article 24 National park administrative agency shall reasonably divide the areas of responsibility for management and conservation, establish a patrol system, formulate unified work norms, and stop acts of damaging resources and environment.

Article 25 National park administrative agency shall establish a monitoring and early warning system, build a basic database of natural resources and a statistical analysis platform, and regularly organize and carry out dynamic monitoring of natural resources and ecosystems such as geological landforms, wildlife, forests, grasslands, and wetlands. And carry out preventative risk warning and take corresponding protective measures according to monitoring results.

National park administrative agency shall work with relevant departments to strengthen animal and plant quarantine and forestry pest control and formulate emergency plans. In case of epidemic or biological disasters, effective preventive and control measures shall be taken in time.

Article 26 National park administrative agency shall strengthen the protection of ecosystem diversity and biodiversity and establish biodiversity conservation bases and habitats for important species in areas with concentrated wildlife and rich biodiversity.

National park administrative agency, in conjunction with relevant departments and surrounding areas, shall establish a coordination mechanism for biodiversity conservation, build a green ecological corridor, and improve the connectivity of ecological reserves.

Article 27 National park administrative agency shall, in accordance with planning of Shennongjia National Park, carry out special protection projects for forests, grasslands, rivers, lakes, reservoirs, wetlands, wild animals and plants, geological resources, and carry out ecological system restoration when necessary. The restoration of ecosystem should be mainly based on natural restoration, combining biological measures and engineering measures.

Protect the genuineness and diversity of Dajiuhu wetland ecosystem, restore the sphagnum moss swamp, vegetation and water-based ecosystem of Dajiuhu, and protect ecological function of water conservation area of South-to-North Water Transfer Project.

Article 28 National park administrative agency shall work with relevant departments to formulate a cultural heritage protection plan and organize its implementation, so as to protect cultural relics, ruins and other tangible cultural heritage and intangible cultural heritage according to law.

Article 29 National park administrative agency shall establish an emergency mechanism for disaster prevention and mitigation in conjunction with relevant departments, formulate emergency rescue plans, establish disaster prevention and mitigation teams, carry out skill training and emergency drills, and improve the ability to prevent forest fires, mountain landslides, debris flows, lightning, gales, blizzards and other disasters.

Article 30 The following activities are prohibited in Shennongjia National Park:

(1) Hunting, fishing, reclamation, burning wasteland, collecting peat, peeling turf, picking up bird eggs;

(2) Breeding, planting, cutting, grazing, quarrying, sand digging, soil digging, and water taking in violation of regulations;

(3) Unauthorized collection of national and provincial key protected wild plants;

(4) Damage, excavation of geological remains without authorization, collection of fossil and ore specimens without authorization;

(5) Use extremely toxic, highly toxic, and high-residue pesticides (including herbicides);

(6) Introduction or releasing of alien species;

(7) Change the state of natural water system;

(8) Other activities that damage ecological environment as prescribed by laws and regulations.

In strictly protected areas and ecological conservation areas, activities such as breeding, planting, logging, grazing, collecting herbs, reclamation, burning wasteland, mining, quarrying and sand excavation are prohibited.

Article 31 It is forbidden to build, rebuild or expand mineral resources development, hydropower and other projects in Shennongjia National Park.

Existing mineral resources development and hydropower projects should be withdrawn in an orderly manner. Provincial government shall, within one year from the date of implementation of these regulations, formulate withdrawal measures, clarifying the time limit for withdrawal, compensation standards, and sources of funds.

Article 32 Activities carried out in various areas of Shennongjia National Park shall comply with the following provisions: (1) Any construction related to commercial facilities in strictly protect areas is forbidden. (2) In ecological conservation area, it is allowed to build necessary infrastructure for protection and scientific research and monitoring purposes, while commercial facilities are prohibited. (3) In recreational exhibition area, it is allowed to build necessary catering, recreation, accommodation and other infrastructures with permission, and carry out visits, tourism and other activities. Large-scale development, construction of commercial facilities that will pollute environment, destroy resources and landscape, and visiting and tourism activities inconsistent with the idea of protection are prohibited. (4) Commercial activities that have an impact on natural ecosystems are prohibited in traditional utilization areas.

Article 33 The following activities carrying out in Shennongjia National Park shall be approved by national park administrative agency:

(1) Construction of fire fighting, scientific research, monitoring and other protective facilities in strictly protected areas, or it is indeed necessary to enter a strictly protected areas due to scientific research reasons;

(2) Entering ecological conservation areas, recreation exhibition areas and traditional utilization areas to engage in scientific research, teaching practice and specimen collection activities;

(3) Filming films and television works and holding large-scale events in recreation

exhibition areas and traditional utilization areas;

(4) Other activities that may affect the ecological environment of Shennongjia National Park.

Those engaged in scientific research, and filming activities as prescribed in the preceding paragraph shall submit copies of the results of the activities to national park admistrative agency within the prescribed time limit.

Article 34 Provincial government shall establish a compensation mechanism for ecological protection of Shennongjia National Park. Ecological compensation funds for forest areas, Shennongjia National Park and its adjacent protection areas shall be included into provincial financial budget; and make ecological compensation for key areas of Shennongjia National Park, such as forest, wetland, water flow and cultivated land, as well as the following matters:

(1) To close down, withdraw from, transform or demolish mineral resources development, hydropower projects and other construction projects permitted by law within a time limit;

(2) Withdraw franchise right acquired according to law;

(3) The ownership and use rights of important natural resources are levied according to law;

(4) Relocation of ecological immigrants;

(5) Carrying out clean energy construction projects;

(6) Clean agricultural production;

(7) Environmental treatment of sewage and garbage;

(8) Damage caused by wild animals;

(9) Other matters that should be compensated.

Provincial government should establish a compensation mechanism combining capital, technology, material objects, and job oppotunities, explore and carry out comprehensive compensation and strengthen the assessment of ecological compensation benefits. Specific measures for ecological compensation and benefit assessment shall be formulated by provincial government.

Article 35 Provincial government shall establish a coordination mechanism to encourage beneficiary areas to adopt methods such as payment transfer, financial subsidies, counterpart cooperation, industrial transfer, talent training, and joint construction of parks to support ecological protection, industrial optimization, and improvement of livelihood of Shennongjia forest regions.

Article 36 According to planning of Shennongjia National Park, if ecological immigration needs to be carried out, the national park administrative agency shall organize and formulate an ecological immigration relocation plan, clarifying matters such as housing, land, employment, industrial development, social security, and ecological protection compensation. This plan shall be implemented upon the approval of provincial government, with expects' argumentation and solicit opinions of relevant township governments, village (residential) committees and immigrants.

National park administrative agency shall provide skills training to immigrant organizations, support their legal participation in franchising and other business activities, and guarantee and improve the production and living conditions of immigrants.

Article 37 Establish and improve scientific research mechanism of Shennongjia National Park and establish scientific research institution of Shennongjia National Park to conduct research on forest ecosystem, rare plant cultivation, wildlife rescue, snub-nosed monkey, alpine ecology, and geology.

National park administrative agency should establish a scientific research cooperation mechanism to promote exchanges and cooperation between Shennongjia National Park and national parks, scientific research institutions, experts and scholars at home and abroad, and strengthen the resources conservation of Shennongjia National Park.

Colleges and universities, enterprises and institutions are encouraged to carry out scientific research and establish talent education and training bases for national parks, so as to provide scientific and technological support and talent support for national parks.

Article 38 National park administrative agency shall jointly protect natural resources of Shennongjia National Park and its neighboring areas through cooperation and co-construction with neighboring reserves and other surrounding areas.

Chapter 5 Service and Supervision

Article 39 National park administrative agency shall, according to planning of Shennongjia National Park, make reasonable use of natural ecology and cultural landscapes such as forests, mountains, rivers, lakes, wetlands, and historic sites, and provide scientific research, environmental education, and ecological experience services. And it shall properly handle the relationship between protection and utilization services of Shennongjia National Park.

Article 40 National park administrative agency shall establish a diversified educational demonstration system and interpretation system, set up publicity and education centers and field education bases, carry out science popularization and environmental education, promote the public to understand the resources and value of national parks, and cultivate a sense of guardianship.

Article 41 Tickets for Shennongjia National Park shall be managed by national park administrative agency and the government shall set prices to reflect the public welfare. When setting and adjusting ticket prices, the public and interested parties should be consulted and hearings should be conducted in accordance with law.

Article 42 Business projects such as ecological experience, transportation, accommodation, catering, shops, cultural industries and other in recreation exhibition areas of Shennongjia National Park shall be franchised.

Generally, public welfare projects are not included in the scope of franchising, and public welfare projects and business projects shall not be transferred or monopolized in the name of franchise.

Franchise management measures shall be formulated by provincial government and shall be announced to the public after expert verification and public consultation. Franchise management measures shall clarify catalog, time limit, fees, supervision, and management of franchising.

Franchising involving energy, transportation, water conservancy, environmental protection, municipal engineering and other infrastructure and public utilities shall be implemented in accordance with the relevant provisions of the state.

Article 43 National park administrative agency shall supervise and manage the franchise scale, operation quality and price level in accordance with law. If it is found that the franchise operator fails to perform its duty of protection and may damage ecosystem, natural resources and cultural resources, the franchise contract shall be terminated and the operator shall take corresponding responsibilities.

Provincial government shall organize regular review and assessment of the implementation and supervision of the franchise operation.

Article 44 Shennongjia National Park shall manage revenue and expenditure seperately. Revenues from ticket sales and franchise revenues of scenic spots established on the basis of natural resources shall be turned over to financial department and shall be managed as an ear-marked budget, which shall be used for resource protection, ecological compensation, and support development of residents in Shennongjia National Park and adjacent protected areas.

Article 45 National park administrative agency shall scientifically and rationally set up ecological experience areas and routes, improve ecological experience service system, strengthen construction of public service facilities and information infrastructure, promote informatization and intellectualization of Shennongjia National Park, and build a smart national park.

National park administrative agency shall reasonably determine visitor capacity based on environmental carrying capacity and resource monitoring results, implement quota management, advance reservations, and regular park closure systems, and promptly publish real-time visitor flow and maximum carrying capacity information to the public.

Article 46 National park administrative agency shall support the construction of facilities for classified collection and harmless treatment of garbage in accordance with relevant national regulations.

Organizations and individuals in Shennongjia National Park shall, in accordance with the requirements for garbage classification, throw their garbage into designated garbage containers or collection sites.

Article 47 Shennongjia National Park shall set up service facility signs, orientation signs and safety warning signs, and shall take necessary precautions.

National park administrative agency should establish and improve safety management responsibility systems and emergency response systems to provide visitors with necessary rescue services.

Article 48 Government of forest area and national park administrative agency shall standardize and guide residents of the park to carry out tourism and leisure, folk experience and other services suitable for ecological protection in the traditional utilization area, develop green and low-carbon industries, and increase income of residents.

Chapter 6 Public Participation

Article 49 National park administrative agency shall improve the public participation system and encourage the public to put forward opinions and suggestions on establishment, planning and implementation, resource conservation, utilization services, supervision and management of Shennongjia National Park.

National park administrative agency shall establish and improve information disclosure system, build a comprehensive information platform for Shennongjia National Park, and provide information services such as natural resources, protection management, scientific research monitoring, popular science education and tourist routes.

Article 50 Social organizations, enterprises, institutions, and individuals shall be encouraged and supported to participate in ecological protection activities of Shennongjia National Park through protocol protection and authorized management.

Encourage national park administrative agency to establish community co-management and co-construction mechanism with township governments and village (residents) committees in Shennongjia National Park, through joint household participation, signing management and protection forms to assist in the development of natural resource conservation.

National park administrative agency support community development by providing national park service job oppotunities, entrusted management, industrial transfer, and support for collective economic development projects.

Article 51 National park administrative agency shall establish and improve ecological management and protection system, set up public welfare positions, and give priority to employing residents in Shennongjia National Park as ecological management and protection personnel. Management and protection appraise, and reward and punishment system shall be implemented. Management and protection remuneration and performance reward standards shall be reasonably determined, and the funds required for management and protection shall be included in the provincial financial budget.

Ecological management staff shall assist national park administrative agency in routine patrol and protection of ecological environment, report and stop acts that damage the ecological environment, and supervise the implementation of various protection measures.

Article 52 Enterprises, relevant organizations and individuals are encouraged to participate in protection and construction of Shennongjia National Park through investment, donation and loan support.

Support the establishment of National Park Ecological Protection Foundation, accept donations from the public. Fund raising, management and use shall be carried out in accordance with relevant national regulations.

Article 53 Establish a national park volunteer mechanism. The national park administrative agency shall establish a volunteer platform with relevant departments to formulate relevant policies and measures for volunteer recruitment and admission, education and training, management and incentives.

Encourage and support government departments, enterprises and institutions, other organizations and individuals to participate in voluntary services such as resource conservation, commentary education, and science popularization in national parks.

Article 54 National park administrative agency shall establish a decision-making consultation and cooperation mechanism, establish cooperative partnerships with non-profit organizations, educational and scientific research institutions, enterprises and institutions, and establish a system of public participation in decision-making and feedback to provide intellectual support for protection and management of Shennongjia National Park.

Article 55 All instituties or individuals shall have the obligation to protect ecosystem, natural resources, and cultural resources of Shennongjia National Park, and has the right to stop, complain and report violations.

National park administrative agency shall establish a national park social supervision mechanism with the participation of citizens, social organizations, interest groups, and medias, and establish a social supervisor and a reporting system; relevant complaints and reports shall be promptly verified and handled in accordance with law.

Chapter 7 Legal Liability

Article 56 If there are provisions in laws and regulations in violation of these regulations, such provisions shall prevail.

Article 57 In protection and management of Shennongjia National Park, government agencies and their staff shall be ordered to rectify any of the following circumstances. If circumstances are serious or cause serious consequences such as deterioration of ecological environment, the person in charge and other persons personally responsible shall be given administrative sanctions by their competent authorities or supervisory authorities according to law. If a crime is constituted, criminal responsibility shall be investigated according to law:

(1) Failure to organize the preparation, alteration, or adjustment of the planning of Shennongjia National Park in accordance with legal procedures;

(2) Approval of construction projects in violation of the planning of Shennongjia National Park;

(3) Failing to withdraw from, transform, or dismantle mineral resources development, hydropower, and other construction projects that do not conform to the planning of Shennongjia National Park;

(4) Failing to manage and supervise franchise project of Shennongjia National Park in accordance with regulations;

(5) Where violations of the law are not investigated and dealt with;

(6) Other acts of abusing power, neglecting duties, and favoritism.

Article 58 Those who violate the provisions of item 1, item 2, item 4 to item 7 of clause 1 of Article 30 of these regulations shall be ordered by national park administration agency to stop the illegal acts, restore the original condition within a time limit or adopt other ecological restoration measures, confiscate the illegal income, and impose a fine of more than 10,000 yuan but less than 50,000 yuan; if the circumstances are serious, it shall be fined not less than 50,000 yuan but not more than 200,000 yuan.

Violation of Article 30, clause 1, Item 3 shall be ordered by national park administrative agency to stop the illegal acts, confiscate the illegal gains and impose a fine of not more than ten times the illegal gains.

Article 59 Anyone who violates the first clause of Article 31 shall be ordered by the national park administration agency to stop construction, to be demolished within a time limit, to take ecological restoration measures, to confiscate the illegal gains, and to impose a fine of more than 500,000 yuan but less than 1.5 million yuan.

Article 60 Anyone who violates the provisions of Article 32 shall be ordered by national park administration agency to stop construction, to be demolished within a time limit, to take ecological restoration measures, to confiscate the illegal income, and to be punished according to the following provisions:

(1) Those who illegally construct facilities in strictly protected areas shall be fined more than 500,000 yuan but less than 1 million yuan;

(2) Those who construct production and operation facilities in ecological conservation areas shall be fined not less than 200,000 yuan but not more than 500,000 yuan;

(3) For large-scale development or construction of production and operation facilities that pollute the environment, destroy resources or landscape in recreational exhibition areas, a fine of not less than 200,000 yuan but not more than 1 million yuan shall be imposed;

(4) Those who engage in production and business activities that have an impact on

natural ecosystems in traditional utilization areas shall be fined more than 1,000 yuan but not more than 3,000 yuan for individuals, and fined more than 10,000 yuan but not more than 50,000 yuan for organizations.

Article 61 Those who violate the provisions of the first clause of Article 33 shall be punished in accordance with the following provisions:

(1) Anyone who builds facilities of fire prevention, scientific research and monitoring in strictly protected areas or enters strictly protected areas without authorization shall be ordered to make corrections by national park administration agency and shall be fined not less than 1,000 yuan but not more than 5,000 yuan; those who cause damage to natural resources shall be fined not less than 5,000 yuan but not more than 20,000 yuan;

(2) Unauthorized entry into ecological conservation areas, recreational exhibition areas, and traditional utilization areas for scientific research, teaching practice, and specimen collection shall be ordered by national park administrative agency to make corrections within a time limit; those who fail to make corrections within the time limit shall be fined not less than 10,000 yuan but not more than 50,000 yuan;

(3) Unauthorized filming and television works or hold large-scale activities in recreational exhibition areas and traditional utilization areas shall be ordered by national park administrative agency to make corrections within a time limit; if the corrections are not made within the time limit, a fine of not less than 2,000 yuan but not more than 10,000 yuan shall be imposed.

Chapter 8 Supplementary Provisions

Article 62 These regulations shall come into force on May 1, 2018.

Refference

[1] WANG CUILING，ZANG ZHENHUA，QIU YUE，et al. The effectiveness of Shennongjia National Nature Reserve in conserving forests and habitat of Sichuan snub-nosed monkey [J]. Biodiversity Science, 2017, 25: 504-512.

[2] Announcement of the Standing Committee of the People's Congress of Hubei Province（No. 224）. Shennongjia National Park protection regulations [EB/OL]. [2017-11-30]. http://www.hubei.gov.cn/zwgk/zxwj/201711/t20171130_1229629.shtml.

Harmony of Crane and Elk in Jiangsu Dafeng Elk National Nature Reserve
(photo by WANG Wei)

Case Five

Jiangsu Dafeng Elk National Nature Reserve:

Wetland ecology and elk culture

ZHANG Libo

Jiangsu Dafeng Elk National Nature Reserve is located at the coast of the Yellow Sea in the southeast corner of Dafeng City, Jiangsu Province. It was originally a part of Dafeng Forest Farm, with a total area of 2,667 hectares. It is a typical alluvial plain coastal wetland and mainly protects elk (*Elaphurus davidianus*), red-crowned crane (*Grus japonensis*), the coastal beach wetland ecosystem, and targets on restoration of wild elk populations. Elk,

also known as "Four Unlike", is a rare animal unique to China, once widely distributed in the eastern plains of China. However, due to hunting and habitat loss in history, elk became extinct in China in 1900. At that time, only 18 Elks left in the world where raised in Ubon Abbey Manor in United Kingdom. Jiangsu Dafeng Coastal Wetland was once an original habitat of elk. In order to restore wild population of elk, in 1986, the World Wildlife Fund (WWF) re-introduced 39 elks from United Kingdom, including 13 males and 26 females, and released them on the coast of Dafeng Yellow Sea. This year was also the first year for the reserve to be established.

After that, the reserve continued to develop and was approved as a national nature reserve in December 1997. In 1995, Dafeng Elk Nature Reserve was listed in "China Biosphere Reserve Network"; in 2002, Dafeng Elk Nature Reserve was listed in the *International List of Important Wetlands*; in 2003, it was listed in Wetland International "East Asia-Australia Bird Protection Network Member". In 2019, the whole area of the reserve and parts of Jiangsu Yancheng Wetland and Rare Birds National Nature Reserve, Jiangsu Yancheng Tiaozini Wetland

Elaphurus davidianus (photo by WANG Wei)

Park, Jiangsu Dongtai Tiaozini Wetland Protection Community, and Jiangsu Dongtai Gaoni Muddy Beach Wetland Conservation Community were listed in the World Natural Heritage List as China's "Yellow Sea (Bohai) Migratory Bird Habitat (Phase 1)".

In January 2018, Yangtze River Economic Belt National Nature Reserve

Wetland ecology (upper and lower) (photo by WANG Wei using drone)

Management Assessment Team came to Jiangsu Dafeng Elk National Nature Reserve. Through on-site investigations, file review, and discussion forums, the expert group found that in the past ten years, the former State Forestry Administration (now the National Forestry and Grassland Administration), Government of Jiangsu Province, and Yancheng City Government have all attached great importance to the reserve, and have given strong support in terms of finance, policies and land ownership. The management organization of the reserve is Jiansu Dafeng Elk National Nature Reserve Adimnistration. It is a public welfare institution with 75 employees, of which 15 are authorized personnel from provincial institution (personnel funding included in provincial budget), 15 are authorized personnel from municipal institutions, and 45 are hired by enterprise (personnel funding covered by incomes of the office). With the joint efforts of all people of the office, the management work has achieved remarkable results, mainly in the following aspects.

Significant achievements

In 1986, the number of initially introduced elk in the reserve was 39. When assessment team came to the reserve in 2018, the number of elk was 4,101 (statistics in 2017), and the reproduction rate, survival rate, annual increase rate and other indicators ranked first in the world. According to the assessment results on protection effectiveness of Dafeng Elk National Nature Reserve jointly conducted by Chinese Academy of Environmental Sciences and Central South University of Forestry and Technology, in addition to the number of populations, Dafeng Elk reserve also maintains a stable growth

Chinese Elk Park in the reserve (photo by WANG Wei)

trend in the stability of elk population structure. According to statistics, the world's average annual increase rate of elk population is 5.9%, while the annual increase rate of Dafeng elk population is 11.3%, which is higher than that. The average dystocia rate of elk worldwide exceeds 20%, while dystocia rate of Dafeng elk population is 0.3%. It has accumulated valuable experience in overcoming the worldwide challenge of elk dystocia.

Only by maintaining stable and healthy development trend of wild elk population and gradually restoring and expanding wild elk population, we can better realize the effective protection and healthy development of elk, and more effectively protect regional biodiversity, so as to maximize the ecological value. Because wild elk populations can only gradually reshape their ancestors' behaviors in their natural habitats, elks are released to natural tidal flat wetlands near Yellow Sea in the east to restore their wild population without artificial facilities and human disturbance. Due to the vast intertidal zone, elk population there has grown to 905 and forms a self-sustaining population. The third generation of wild elk populations has been formed, and the distribution range has gradually expanded without intervention.

Protection and scientific research coordinate with each other

The reserve cooperates with the Institute of Zoology of Chinese Academy of Sciences, Chinese Academy of Forestry, Nanjing University and other institutions of higher learning and scientific research institutions to establish Yancheng Elk Research Institute and postdoctoral programme. It has carried out systematic scientific research on morphology, anatomy, physiology, reproduction, behavior, genetics, pathology and conservation biology of elk, and has made many achievements. The reserve also regularly arranges staff to study and communicate with relevant scientific research institutions, colleges and universities, constantly expanding the staffs' professional capacity in wildlife protection, including "3S" (GPS, remote sensing, geographic information system) technology, wildlife domestication and breeding, and epidemic disease monitoring and so on.

At the same time, the reserve, together with relevant scientific research institutions, scholars and volunteers, has jointly established Elk Conservation Alliance to carry out research on legislation, information exchange, scientific research cooperation, population exchange, and ex situ conservation of elk, so as to continuously promote the effective solution of outstanding issues in elk protection.

Scientific Research Experimental Base (photo by WANG Wei)

Postdoctoral Programme (photo by WANG Wei)

Focus on creating elk culture

The male elks have antlers. Generally, November to March of the following year is the period of male elks' dehorning and velvet growing. The time when the assessment team came to Jiangsu Dafeng Elk National Nature Reserve just happened to catch up with Elk's antler-shedding season, therefore failed to catch up with the traditional "Deer King Hegemony" competition in the reserve. Relying on the rare animal elk and South Yellow Sea wetland ecosystem, the reserve protects elk germplasm resources, surrounding wetland resources and ecological landscape resources while taking an ecologically friendly way to carry out ecological tours, popular science tours and cultural tours. At the same time, the reserve has continuously strengthened its own publicity platform construction, formed a professional team, and built a distinctive missionary explanation

Characteristic missionary explanation system (photo by WANG Wei)

system with the theme of "wetland ecology and elk culture", making the reserve an ecological name card for local government's external publicity and communication. As an important scenic spot of the Yellow Sea wetland, China Elk Park has a vegetation coverage of over 70%. It has preserved south Yellow Sea wetland ecosystem on which elk live, and has created the world's largest elk gene pool, forming a magnificent scene of symbiosis of forest, grass, water, elk and birds.

As the population of wild elk expands and the number of individuals increases, the reserve strives to promote friendly relations with local communities. The reserve carries out community publicity and education work, carries out wetland publicity and education cooperation with neighboring communities, primary and secondary schools, enterprises and public institutions, prints and publishes vivid promotional materials, organizes publicity activities to raise public awareness of wetland protection and wildlife protection. At the same time, the reserve also takes into account the interests of local community, actively applied for relevant funds to compensate damage to the surrounding community farmland caused by wild reseased elk, which was understood by the community residents.

Finally, the assessment team put forward the following suggestions for future development of Dafeng Elk Reserve: (1) Study and introduce control measures for the number of protected elks as soon as possible and carry out ex situ conservation; (2) Strengthen ecological restoration of degraded habitats and improve the quality of elk's habitats; (3) Strengthen management and monitoring of main protected targets other than elk, and establish risk prevention and control measures for human-elk exposure to potential disease outbreaks.

Reference

[1] XU ANHONG, YU XIAOPENG. Conservation status and sustainable development strategy of Milu (*Elaphurus davidianus*) in Dafeng [J]. Journal of Anhui Agricultural Sciences, 2019, 47 (5): 107-109.

[2] ZHANG SHUMIAO, BAI JIADE, LI YIPING, et al. Research reviews on the taxonomic status and genetic diversity of Père David's Deer [J]. Chinese Journal of Wildlife, 2019, 40 (4): 1035-1042.

Alsophila spinulosa and its habitat (photo by HU Shixue)

Case Six

Guizhou Chishui *Alsophila spinulosa* National Nature Reserve:

Creating an integrated management system from sky to ground

WANG Wei, CHEN Niannian, LIU Fangzheng

Alsophila spinulosa is an ancient mesozoic relic species, usually living in a special low-altitude valley landscape, but also requires good hydrothermal conditions, abundant annual precipitation, high relative humidity, deep soil and other habitat conditions, and is a national class Ⅱ protected plant. Chishui *Alsophila spinulosa* National Nature Reserve is located at Hushi Town, Yuanhou Town, and Wanglong Town of Chishui City in the northwest of Guizhou Province. The reserve was established in 1984 and was promoted to national nature reserve by the State Council in 1992. The total area of Chishui *Alsophila spinulosa* National Nature Reserve is 13,300 hectares, of which the core area is 5,200.3 hectares, accounting for 39.1% of total area of the reserve; the buffer area is 4,016.6 hectares, accounting for 30.2% of total area of the reserve; and the experimental area is 4,083.1 hectares, accounting for 30.7% of total area of the reserve. The reserve has natural heritages such as the concentrated relict plant *Alsophila spinulosa*, the unique geological landforms of Danxia, the typical mid-subtropical evergreen broad-leaved

Foguangyan-China Danxia Chishui World Natural Heritage (photo by WANG Wei)

forest, and various species of wild animals and plants. The main protected targets are *Alsophila spinulosa*, *Camellia luteoflora* and other national rare and endangered plants and their ecosystems and biodiversity. It is the only national nature reserve in China named after the national endangered plant *Alsophila spinulosa*, and it is also an important part of the Danxia Landform World Natural Heritage.

Chishui *Alsophila spinulosa* National Nature Reserve Administration is a county-level public institution, and its fundings are included in provincial budget. Its internal organization set-up includes general and personnel section, business section, Hushi Management Station, Jinsha Management Station, Yuanhou Management Station. At present, the administration has 15 personnel hired, including 5 management personnel,

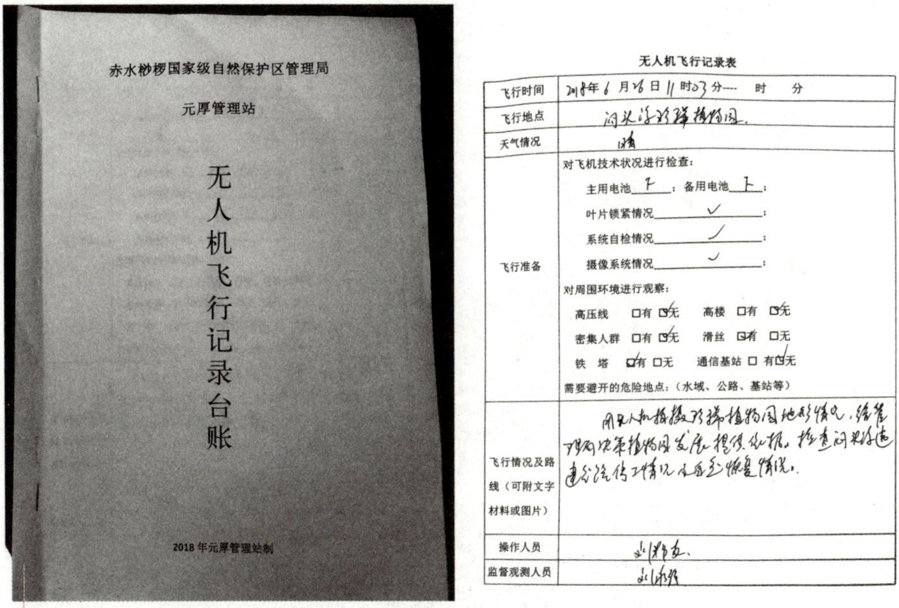

Drone flight record ledger (photo by WANG Wei)

Alsophila spinulosa (photo by HU Shixue)

8 professional and technical personnel, and 2 service personnel. In December 2018, the assessment team came to Guizhou Chishui *Alsophila spinulosa* National Nature Reserve, conducted remote sensing monitoring, drone aerial photography and field visits, and consulted relevant archives and had discussion with the administration and local communities representatives. In general, Chishui Municipal Party Committee and Municipal Government attach great importance to ecological environment protection and management of the reserve and resolved local performance rewards for cadres and employees of the administration, which effectively promoted enthusiasm of the reserve staff. With the joint efforts of all, Chishui *Alsophila spinulosa* National Nature Reserve has a good foundation in scientific research and monitoring, museum operation and information construction, and has accumulated abundant data and collection specimens.

Create an integrated management and protection system from sky to ground

The reserve has fully applied satellite remote sensing, drones, internet of things and mobile internet technologies to create an integrated management and protection system from sky to ground. Based on satellite remote sensing, the overall monitoring of vegetation coverage in the reserve was carried out, and the long-term change of vegetation coverage was analyzed dynamically. Each management station in the reserve is equipped with multi-rotor UAV, and a "UAV flight record ledger" has been established. By combining "UAV low altitude remote sensing" and "UAV low altitude directional remote sensing in special areas", the whole area real-time and normalized management and control of each management station is realized, as well as the regular monitoring of 5 key areas and monitoring sample plots. In the process of ground patrol, a mode combining patrol assessment system and mobile terminal was established. Each patrol staff is equipped with a mobile phone App for the reserve. Daily patrol data can be automatically uploaded, statistical analyzed, and reported, which improves efficiency of management and protection. At the same time, relying on relevant technical institutions, an integrated information management platform has been built, which integrates the data of daily patrol, scientific research monitoring and protection assessment of the reserve on the basis of meeting the needs of daily work, to achieve a dynamic and visible modern management of the rich animal and plant resources in the reserve.

At the same time, the reserve has a large amount of scientific research monitoring data and specimen data. In order to systematically integrate existing satellite remote sensing, unmanned aerial vehicles and ground monitoring, environmental surveys, specimen data and other data information, and achieve effective management and use of multi-source data sets, the reserve has actively strived to become a pilot project for the construction of national specimens information infrastructure (NSII). With the support of relevant technical instutitions, based on the existing integrated information platform, 27 spatial data records, 92 monitoring data records, 2,270 plant specimens, 2,629 animal specimens, and 47 fossil specimens have been further collated. The platform realizes the integration and display of sky to ground monitoring data with key words such as species name and geographical coordinates, which can better play the supporting role of

Interface of Chishui *Alsophila spinulosa* National Nature Reserve mobile supervision system monitoring data in scientific research, management and protection of the reserve, and provide services for the public to understand the nature reserve and biodiversity, and provide case demonstration for the construction and management of nature reserves in regional and watershed seales.

Effective scientific research monitoring

Through cooperation with relevant scientific research institutes, the reserve has carried out several comprehensive scientific investigations and special investigations and monitoring work. It has successively compiled and published the scientific research achievements such as *Chishui Alsophila spinulosa Nature Reserve Scientific Investigation Collection*, *Thematic Scientific Investigation Report*, *Biological Diversity of Chishui Alsophila spinulosa Nature Reserve* and *Map of Common Seed Plants in Chishui Alsophila spinulosa Nature Reserve*. In addition, the reserve has built two large forest monitoring plots, Jinshagou and Yuanhou, as well as a *phyllostachys edulis* invasion zone, a small plot of typical plant communities, and a monitoring line for species dynamic changes, and has carried out scientific studies such as observations on *Alsophila spinulosa* phenology. Since 2015, it has completed a number of special surveys and monitoring work including plant diversity, amphibious reptile diversity, bird diversity, wild boar (*Sus scrofa*) hazard investigation and analysis, mammal diversity and environmental quality monitoring.

From the perspective of protection effectiveness of the reserve, based on remote sensing monitoring, relevant research literature and on-site investigation and evaluation, the assessment team believes that the overall forest ecosystem of the reserve presents a benign trend. The reserve represents unique characteristics of the forest community under the humid monsoon climate zone in the mid-subtropics. After more than 20 years of protection, the area of bare farmland converted into forest gradually increased, and the vegetation coverage in the western part of the reserve was significantly enhanced.

On this basis, the assessment team also suggested that the reserve should strengthen the application of informatization achievements, further carry out dynamic monitoring of changes in main protected targets and assessment of protection effectiveness, and promote the overall intergration of scientific research and protection management objectives, such as impact of tourism activities on main protected target *Alsophila spinulosa*.

Observation plot of *Alsophila spinulosa*–Observation of phenology of *Alsophila spinulosa* (left and right) (photo by WANG Wei)

An ecological protection association with villagers as main body established

Through channels such as museums, natural education classroom bases and community publicity, the reserve has continuously carried out various forms of science popularization and education, effectively enhancing social influence of the reserve. It has been awarded the titles of "Guizhou Provincial popular science education base" and "national popular science education base".

At the same time, the reserve guides villagers to actively participate in daily protection of the reserve and establishes Paradise Village Ecological Protection Association with villagers as the main body. Through the formation of a council, Paradise Village Ecological Protection Association is specifically responsible for the following

Paradise Village Ecological Protection Association
(photo by WANG Wei)

work, and has formed an effective coordinated management and control model with the reserve administration : ① Publicize laws and regulations related to ecological protection, and raise awareness of protecting ecological environment and resources; ② Arrange and inspect forest fire prevention work; ③ Study and deal with illegal behaviors such as deforestation, hunting wild animals, and using fire in the field; ④ Hold one or two meetings of all members annually to arrange work of the association and to commend and reward the members who have made contributions to ecological protection; ⑤ Organize the members to develop economy and improve their quality of life; ⑥ Research on major issues related to technical training, project introduction, public welfare construction. In addition, community residents have also relied on Danxia World Heritage Scenic Area to set up farmhouse inn and sell agricultural and sideline products, which has become one of the economic sources.

Reference

[1] LIU QIN, DENG HONGPING, LI ZONGFENG, et al. Characteristics of plant community in the Guizhou Chishui *Alsophila spinulosa* National Nature Reserve, southwestern China[J]. Journal of Beijing Forestry University, 2019, 41 (1): 19-31.

[2] WENG TAO, HUANG WENHU, ZHANG JING, et al. Conservation effectiveness assessment using remote sensing technology in Guizhou Chishui *Alsophila spinulosa* National Nature Reserve[J]. Environmental Protection and Technology, 2018, 24 (5): 11-16, 29.

Landscape of evergreen deciduous broad-leaved mixed forest
in Jiangxi Wuyishan National Nature Reserve
(photo courtesy of Jiangxi Wuyishan National Nature Reserve Administration)

Case Seven

Jiangxi Wuyishan National Nature Reserve:

Achieve high-level management with the practice of one area and one regulation

LIU Fangzheng, CHEN Niannian

Wuyishan is a typical representative of the world's famous mountains, and a key area for global biodiversity conservation. On both sides of the Northeast-southwest Wuyishan ridge, there are two national nature reserves, Jiangxi Wuyishan and Fujian Wuyishan. Jiangxi Wuyishan National Nature Reserve is located at the southern part of Yanshan County, Shangrao City, Jiangxi Province. The northern section of Wuyishan is adjacent to the northwest slope of the main peak of Huanggang Mountain (2,160.8 meters above sea level), with an altitude between 300 and 2,160.8 meters. There are six peaks with an altitude of more than 2,000 meters in the area. It is a nature reserve with the highest altitude in southeast China.

Vertical band spectrum of typical vegetation: hilltop shrub meadow-deciduous broad-leaved forest-coniferous and broad-leaved mixed forest (photo courtesy of Jiangxi Wuyishan National Nature Reserve Administration)

Jiangxi Wuyishan National Nature Reserve has an area of 16,000 hectares. It protects the largest and the most complete mid-subtropical forest ecosystem in southeastern China. It is also the most complete preserved mid-subtropical forest ecosystem in the same latitude zone in the world. The biological resources of the reserve are rich. With a land area of 1‰ of Jiangxi, it preserved more than 50% of higher plants and more than 60% of vertebrate genetic information of Jiangxi. 2,840 species of higher plants have been recorded in the reserve, including 3 species of national Class Ⅰ protected plants and 21 species of Class Ⅱ protected plants. 1,487 species of invertebrates (1,422 species of insects and 65 species of others) and 558 species of vertebrates (55 species of freshwater fish, 33 species of amphibians, 65 species of reptiles, 327 species of birds, and 78 species of mammals) have been recorded, including 9 species of national Level Ⅰ protected animals and 50 species of Level Ⅱ protected animals.

Jiangxi Wuyishan Nature Reserve was established in 1981 and was promoted to national level with the approval of the State Council in 2002. In the same year, Jiangxi Wuyishan National Nature Reserve Administration was established. In July 2017, Jiangxi Shangrao Yanshan Wuyi Mountain was successfully listed in the *World Cultural and Natural Dual Heritage List* at the 41st UNESCO World Heritage Committee Meeting, becoming the fifth in China and the first in Jiangxi as an inclusion of *Cultural and Natural Dual Heritage List*.

* Fujian Wuyishan was included in the *World Cultural and Natural Dual Heritage List* in 1999. The inclusion of Jiangxi Wuyishan is through the adjustment of the boundary of heritage site to further strengthen the integrity of its natural value.

Column

"Three Treasures" of Huanggangshan—representative species with global conservation significance

Since Wuyishan area has escaped the invasion of Quaternary glaciers, more than 50 paleozoic tree species such as *Taxus chinensis, Liriodendron chinense*, *Manglietia chinensis*, and *Tsuga chinensis* var. *tchekiangensis* have survived. Wuyishan is the most outstanding biodiversity conservation area in southeastern China and has become a "refuge" for a large number of ancient relic plants and endemic plants in China.

Yellow-bellied pheasant (*Tragopan caboti*) is called as "panda in birds". It is an endemic species in China and a national Class I protected animal. At present, the wild population of yellow-bellied pheasant in the reserve accounts for more than 12% of the global wild population, and it is recognized as an origin of model specimen by academic community. In 2009, China Wildlife Protection Association awarded a title of "Hometown of Chinese *Tragopan caboti*" to Yanshan County where the reserve is located.

Tragopan caboti, one of "Three Treasures" of Huanggangshan (photo courtesy of Jiangxi Wuyishan National Nature Reserve Administration)

Black deer (*Muntiacus crinifrons*) is the rarest deer in the world, endemic to China, and a national Class Ⅰ protected animal. It is limited to areas bordering Jiangxi Province, Fujian Province, Zhejiang Province, and Anhui Province. In April 2011, two adult wild black deers were photographed by researchers in the reserve near the top of Huanggangshan by using infrared camera. This is the first time Jiangxi Province has obtained photos of wild black deer, which is especially precious.

Southern hemlock (*Tsuga chinensis* var. *tchekiangensis*) is a tertiary relic plant endemic to China. There are 1,560 hectares of southern hemlock community in the reserve, of which more than 400 hectares are continuously distributed. The average age of trees is 300 years, which is rare in China.

Muntiacus crinifrons, one of "Three Treasures" of Huanggangshan (photo courtesy of Jiangxi Wuyishan National Nature Reserve Administration)

Tsuga chinensis var. *tchekiangensis*, one of "Three Treasures" of Huanggangshan (photo courtesy of Jiangxi Wuyishan National Nature Reserve Administration)

In April 2018, the assessment team came to Jiangxi Wuyishan National Nature Reserve to inspect the core habitats as well as the management and protection sites, checkpoints, and other facilities in the reserve. After consulting relevant files, thorough discussions with reserve administration and community representatives, the assessment team believed that the reserve had made outstanding achievements in the following three aspects: ① Standing Committee of Jiangxi Provincial People's Congress passed *Jiangxi Wuyishan National Nature Reserve Regulations* in 2016. Significant breakthroughs have been made in formation of "one area and one regulation", which provides legal support for reserve construction and management. ② Focusing on the main protection targets such as *Tragopan caboti* and *Tsuga chinensis* var. *tchekiangensis*, it has carried out long-term and effective monitoring work, standardized file management, and scientific research and monitoring capacity of the reserve has been improved. ③ Various forms of publicity and education activities have been carried out for young people and local communities, which have had a positive social impact.

Achieve high-level management by "one area and one regulation"

In order to strengthen the management of Jiangxi Wuyishan National Nature Reserve and protect rare and endangered wildlife populations and their habitats, on April 1, 2016, the 24th Meeting of the Standing Committee of the 12th People's Congress of Jiangxi Province adopted *Jiangxi Wuyishan National Nature Reserve Regulations* (hereinafter referred to as the Regulations). The Regulations are the first local regulations for management of nature reserves in Jiangxi Province, which provides an important legal basis for protection, management, law enforcement and utilization of nature reserves. The Regulations are also applicable to management of four other national nature reserves within the province namely, Matoushan, Jiulianshan, Guanshan and Jiulingshan.

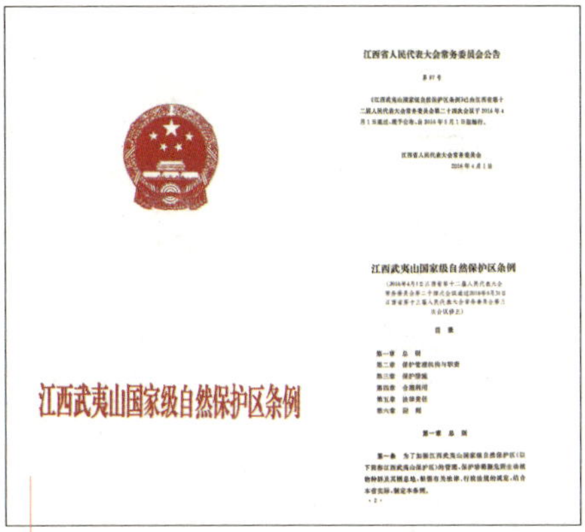
江西省人民代表大会常务委员会公告

江西省人民代表大会常务委员会

2016年4月1日

江西武夷山国家级自然保护区条例

第一章 总则
第二章 保护管理机构与职责
第三章 保护措施
第四章 合理利用
第五章 法律责任
第六章 附则

第一章 总则

Jiangxi Wuyishan National Nature Reserve Regulations came into effect on May 1, 2016

Through the implementation of the Regulations, the reserve has made significant progress in standardized construction. The basic information of reserve management is clear. During the assessment, it is found that Jiangxi Wuyishan National Nature Reserve Administration clearly grasped the ownership, scope, area, and boundary of forest area in the reserve, collected GPS inflection point coordinates, with clear functional zoning and scope. Areas of four management stations are clearly divided. Management and protection infrastructures and facilities, such as boundary markers, boundary piles, and signboards are sufficient and well maintained. In addition, the management of resource baseline has gradually become cartography map-based, and various thematic map types have been carefully refined, including maps of forest land ownership, maps of management station areas, maps of rare and endangered wildlife, maps of ecological environment and resources monitoring distribution, maps of patrol roads, maps of forest fire prevention and control level zoning, maps of forestry pest patrol monitoring, etc.

Boundary markers and signage in the reserve are in good maintenance (photo by LIU Fangzheng)

Compared with the management assessment in 2008, personnel arrangement of the reserve administration is becoming more reasonable, and the scientific research and monitoring capacities has been significantly improved. Remarkable results have been achieved, especially in research and protection of yellow-bellied pheasant, restoration and maintenance of ecosystem, and control of human activities.

Standards for scientific research monitoring and result-based management

According to provisions of Article 16 of the Regulations, the reserve has built a proper number of fixed transects, fixed sample plots, station sections and permanent ecological positioning monitoring stations in the areas where rare and endangered wild animals and plants such as *Tragopan caboti*, *Muntiacus crinifrons*, *Tsuga chinensis* var. *tchekiangensis* and other rare and endangered wild animals and plants are concentrated and typical vegetation communities are located. Regular investigation and monitoring are carried out. The database and monitoring archives of distribution of ecosystem, vegetation and rare and endangered species conform to the standard.

Jiangxi Wuyishan National Nature Reserve has carried out an investigation and monitoring of bird resources represented by *Tragopan caboti*, an investigation and monitoring of large and medium-sized mammal resources represented by *Muntiacus crinifrons*, and a large sample plot monitoring of Zhongshan primeval forest represented by *Tsuga chinensis* var. *tchekiangensis*. It has established close cooperative relations with more than 40 scientific research institutes and universities in China, including Institute of Zoology, Chinese Academy of Sciences and Beijing Normal University. Since the first assessment in 2008, technicians of the reserve have published more than 100 scientific papers in journals such as *ACTA Ecologica Sinica*, *Chinese Journal of Zoology* and *ACTA Theriologica Sinica* and published a monograph in Science Press. Relevant achievements were adopted by monographs such as *Chinese Bird Classification and Distribution List (Third Edition)* and *Chinese Pheasant* edited by academician ZHENG Guangmei and won a second prize of Jiangxi Provincial Science and Technology Progress Award. Research on *Tragopan caboti* shows that the reserve has the largest wild population in China, which is the key area for the protection of this species in China.

Projects and scientific research achievements of the reserve

Projects	Achievements
Investigation and research on endangered pheasants	9 papers, 1 book
Investigation and research on beast such as *Muntiacus crinifrons*	2 papers
Investigation and Research on *Tsuga chinensis* var. *tchekiangensis*	6 papers
A study on the endangered status of specified sub-species of red-tailed noise thrush	2 papers
Investigation and research on medicinal plant resources	2 papers, 1 book

Scientific research achievements (photo courtesy of Jiangxi Wuyishan National Nature Reserve Administration)

Column

A story behind a painting in publicity and education pavilion

There is a picture of "Furong Golden Rooster" in the publicity and education pavilion of the reserve, which was drawn by ZHAO Ji, Song Huizong (1082–1135), the eighth emperor of Song Dynasty. ZHAO Ji had an extremely high artistic attainments, which made Song Dynasty obtain unprecedented development in calligraphy and painting. His self-created calligraphy was called "slim gold body" by later generations, and his paintings of flowers and birds became "courtyard style". This painting used heavy-color meticulous techniques, and the painting contained golden pheasant, flowers, butterflies, and hibiscus flowers. The golden pheasant flew to the top of the flowers, bent their branches and colorful butterflies fluttered around. There was stillness in the movement and movement in the stillness. The painting borrowed a rooster as a "moral bird", revealing SONG Huizong's praise for noble character and his requirements for ministers, thus reflecting the humanistic implication of Chinese painting of flower and bird.

A painting of Emperor SONG Huizong—"Furong Golden Rooster" (photo by LIU Fangzheng)

Of course, the artistry of the painting is not the reason why it appears in publicity and education pavilion of the reserve. So, is there any story behind this picture?

Take a closer look at this rooster in the painting. It has golden yellow feathers on its head, white tiled neck feathers, and red belly feathers, which are both the characteristics of *Chrysolophus amherstiae* and *Chrysolophus pictus*. In view of the fact that both species have hybridization records in the wild and in captivity, Chinese scientists have compared the relevant data and the newly collected photos to confirm that the golden pheasant in the painting is a hybrid individual from about 900 years ago. In 2016, ZHANG Yaping and YANG Xiaojun from *Kunming Institute of Zoology, Chinese Academy of Sciences*, published this discovery in an international ornithological journal *Ibis*.

Among birds, hybridization is relatively common. This painting records the result of the hybridization between two kinds of golden pheasants and has become a work of great biological research significance. It is not difficult to imagine that there have more such works waiting to be discovered and studied.

Jiangxi Wuyishan National Nature Reserve is a paradise for birds. This painting is both artistic and scientific. It leads us through time and space to realise the magic of evolution of life.

Attachment:

Jiangxi Wuyishan National Nature Reserve Regulations

(Adopted at the twenty-fourth meeting of Standing Committee of the Twelfth People's Congress of Jiangxi Province on April 1, 2016; Amended at the third meeting of Standing Committee of the Thirteenth People's Congress of Jiangxi Province on May 31, 2018)

Chapter 1 General Principles

Article 1 In order to strengthen management of Jiangxi Wuyishan National Nature Reserve (hereinafter referred to as Jiangxi Wuyishan Reserve) and protect rare and endangered wild animal and plant populations and their habitats, these regulations are formulated in accordance with provisions of relevant laws and administrative regulations and combined with the actual situation of the province.

Article 2 Jiangxi Wuyishan Reserve is a forest ecosystem type nature reserve, located in Yanshan County, Shangrao City, with a geographic location between 117°39′30″-117°55′47″E and 27°48′11″-28°00′35″N, with an area of 16,007 hectares. The specific scope, boundaries and functional zoning of Jangxi Wuyishan Reserve shall be subject to documents approved by the State Council.

Article 3 Jiangxi Wuyishan Reserve is divided into core zone, buffer zone and experimental zone according to functions. The administrative agency of Jiangxi Wuyishan Reserve shall set up boundary markers, boundary pillars and other landmarks on the boundaries of core zone, buffer zone and experimental zone.

Article 4 These regulations apply to protection, management and utilization of Jiangxi Wuyishan Reserve.

Article 5 The protection and management of the Jiangxi Wuyishan Reserve shall adhere to the principles of comprehensive planning, strict protection, scientific management, rational utilization, and sustainable development.

Article 6 Provincial government shall formulate and organize the implementation of policies and measures that are conducive to protection and construction of Jangxi Wuyishan Reserve, and incorporate expenditure for protection, construction, and management into governmental financial budget.

According to the needs of protection and management, the government of Yanshan County may establish an assessment and evaluation mechanism in favor of ecological protection for the villages and towns where Jiangxi Wuyishan Reserve is located.

Article 7 Donations received from domestic and oversea organizations and individuals according to law shall be used for protection of Jiangsu Wuyishan Reserve.

Article 8 All organizations and individuals have obligation to protect the natural resources and natural environment of Jiangxi Wuyishan Reserve, and have right to report and accuse destruction and encroachment acts in Jiangxi Wuyishan Reserve.

Chapter 2 Protection Management Agency and Responsibilities

Article 9 The competent forestry department of provincial government oversees the work of Jiangxi Wuyishan Reserve, and administrative agency of Jiangxi Wuyishan Reserve is specifically responsible for protection and management.

Article 10 The main responsibilities of administrative agency of Jiangxi Wuyishan Reserve are:

(1) To publicize and implement relevant laws, regulations, rules and policies;

(2) To compile overall plan and special plan of Jiangxi Wuyishan Reserve, submit for approval after soliciting opinions from local government at or above county level according to procedures, and organize for implementation;

(3) To organize and carry out resource investigation and environmental monitoring in Jiangxi Wuyishan Reserve, and to establish natural resource archives of Jiangxi Wuyishan Reserve;

(4) To carry out scientific research, scientific knowledge popularization and publicity and education activities related to Jiangxi Wuyishan Reserve;

(5) To organize and carry out standardized construction of Jiangxi Wuyishan Reserve;

(6) To supervise and manage production, tourism, and business activities in Jiangxi Wuyishan Reserve;

(7) To investigate and punish illegal acts that damage natural resources, natural environment, and protection and management facilities in Jiangxi Wuyishan Reserve;

(8) Other duties prescribed by laws and regulations.

Article 11 Administrative agency of Jiangxi Wuyishan Reserve shall, upon approval according to law, set up resource conservation checkpoints at main intersections of Jiangxi Wuyishan Reserve.

Resource conservation checkpoint is responsible for inspecting animals and plants and their products transported into and out of Jiangxi Wuyishan Reserve, their quarantine certificates and related approval documents. Resource conservation checkpoint shall, according to law, investigate and deal with illegal carrying of fire hazard into Jiangxi Wuyishan Reserve.

Article 12 Relevant departments of governments at or above county level geographically related to Jiangxi Wuyishan reserve shall, in accordance with their respective responsibilities, do a good job in protection and management of Jiangxi Wuyishan Reserve. These relevant departments shall include forestry, environmental protection, development and reform, finance, transportation, land and resources, housing and urban and rural construction, agriculture, water conservancy, tourism, science and technology, public security, entry-exit inspection and quarantine.

Government at or above county level where Jiangxi Wuyishan Reserve is located shall organize and coordinate relevant departments and institutions, in accordance with their respective responsibilities, to do a good job in protection and management of Jiangxi Wuyishan Reserve.

Article 13 Provincial forestry public security department shall, as necessary, establish an agency in Jiangxi Wuyishan Reserve to investigate and punish illegal acts that damage natural resources and property of Jiangxi Wuyishan Reserve.

Article 14 Forestry department of provincial government shall organize and coordinate relevant institutions including relevant departments of Shangrao city government and Yanshan county government, Jiangxi Wuyishan Reserve Administration, Wuyishan Town and Huangbi She ethnic township government, to establish and improve Jiangxi Wuyishan joint protection mechanism, to formulate protection conventions, to carry out publicity and education activities, to fulfill responsibility, to coordinate works of forest fire prevention, forest land management, and forestry pest prevention and control.

Chapter 3 Protection Measures

Article 15 The area, functional zoning, boundaries of Jiangxi Wuyishan Reserve and overall planing and special plan of Jiangxi Wuyishan Reserve are the basis for its protection and management and shall not be changed without authorization. If it is necessary to be changed, it shall be reported to original approval authority for approval. Natural resources and environment of Jiangxi Wuyishan Reserve should be protected in strict accordance with its nature, scope, functional zoning and overall planning.

Plannings of county, township, and village where Jiangxi Wuyishan Reserve is located shall be compiled in accordance with overall planning of Jiangxi Wuyishan reserve, and opinions of administrative agency of Jiangxi Wuyishan Reserve shall be solicited in writing.

Article 16 Administrative agency of Jiangxi Wuyishan Reserve shall, in accordance with the provisions of the state, improve ecological and resource monitoring system of Jiangxi Wuyishan Reserve. Appropriate number of fixed sample lines, fixed sample plots, station sections or permanent ecological positioning monitoring stations should be built in the concentrated distribution areas of rare and endangered wild animals and plants such as *Tragopan caboti, Muntiacus crinifrons* and *Tsuga chinensis* var. *tchekiangensis*, and conduct regular investigation and monitoring. Establish database and monitoring archives for distribution of ecosystem, vegetation, and rare and endangered species in Jiangxi Wuyishan Reserve. Regularly evaluate status of biodiversity and protection effectiveness of Jiangxi Wuyishan Reserve, and adjust and improve protection and management measures based on assessment results.

Article 17 No organization or individual can enter core zone except those who perform protection and management duties according to law and those who are authorized to engage in scientific research according to law.

Article 18 Any form of activities, except for those being approved by law, such as scientific research, teaching practice, investigation and observation, and specimen collection are prohibited in buffer zone. Any form of tourism, wild mountain climbing, adventure, camping, and production and operation activities are prohibited in buffer zone.

Article 19 Experimental zone, with legal approval, may engage in scientific research, teaching practice, visits, tourism, domestication, breeding of rare and endangered wild animals and plants.

Article 20 Organizations and individuals who enter the reserve and engage in related activities shall submit a written application to administrative agency of Jiangxi Wuyishan Reserve in accordance with the *Regulations of People's Republic of China on Nature Reserves* and obtain approval in advance. Among them, those who enter core zone of the reserve shall be approved by the competent forestry department of provincial government.

A written application shall include time, personnel, location, content, method, and safety measures of the activity. Administrative agency of Jiangxi Wuyishan Reserve shall approve or report to competent forestry department of provincial government for approval within three working days from the date of receiving written application. If it is approved, the competent forestry department of Yanshan County Government shall be notified; if it is not approved, reasons shall be explained in writing.

Article 21 Those who carry out scientific research, investigation and observation, teaching practice, and collection of wild animal and plant specimens in Jiangxi Wuyishan Reserve shall promptly clean up waste generated and submit copies of outcomes to the administrative agency of Jiangxi Wuyishan Reserve.

Article 22 Following acts are prohibited in Jiangxi Wuyishan Reserve:

(1) Using fire and burning waste in the wild;

(2) Deforestation, indiscriminate logging, destruction of trees and vegetation;

(3) Grazing, digging wild plants and medicinal materials, hunting, fishing, purchasing, processing and utilizing, and selling wild animals;

(4) Introduction of alien species;

(5) Illegal reclamation, mining, quarrying, sand digging, earth borrowing, and land

occupation;

(6) Move or destroy boundary markers, boundary piles and other protection and management facilities without authorization;

(7) Intercept, redirect, plug, or any other kind changes to rivers;

(8) Other acts prohibited by laws and regulations.

Article 23 Any organization or individual who finds rare and endangered wild animals that are sick, injured or trapped in Jiangxi Wuyishan Reserve shall have the obligation to rescue and report to administrative agency of Jiangxi Wuyishan Reserve or local government in a timely manner.

Article 24 Within Jiangxi Wuyishan Reserve, administrative agency of Jiangxi Wuyishan Reserve may sign a protection agreement with other owners or users of forests, trees and woodlands, on which, according to the function of forest land in Jiangxi Wuyishan Reserve, direction of forest land use and way of forest protection are agreed.

Provincial government can strengthen protection and management of forests, trees and woodlands in Jiangxi Wuyishan Reserve by adopting approachs such as lawful allocation, expropriation, requisition, lease, and shareholding cooperation, towards those forests, trees and woodlands, which are not used or managed by Jiangxi Wuyishan Reserve Administration.

Article 25 Yanshan County Government shall, in conjunction with Jiangxi Wuyishan Reserve Administration, strengthen management of population in Jiangxi Wuyishan Reserve. Except for marriage and adoption, it is strictly forbidden for people outside to move into Jiangxi Wuyishan Reserve.

Local government of Jiangxi Wuyishan Reserve shall, in combination with ecological migration and on the basis of respecting wishes of residents, arrange for original residents of Jiangxi Wuyishan Reserve to move out step by step in a planned way, and provide resettlement or compensation to relocated residents according to law.

Organizations, residents and other individuals entering Jiangxi Wuyishan Reserve should strictly abide by regulations of Jiangxi Wuyishan Reserve.

Article 26 Yanshan County Government shall strengthen forest fire prevention in Jiangxi Wuyishan Reserve, list administrative agency of Jiangxi Wuyishan Reserve as a member of the forest fire prevention command organization of same level, and incorporate forest fire prevention of Jiangxi Wuyishan Reserve into forest fire prevention planning of same level, and strengthen supervision and management of forest fire prevention work in Jiangxi Wuyishan Reserve.

Administrative agency of Jiangxi Wuyishan Reserve is responsible for daily prevention, supervision and management of forest fire prevention, early warning and forecast, patrol inspection, fire risk monitoring and other activities.

Article 27 Administrative agency of Jiangxi Wuyishan Reserve shall establish and improve protective measures, do a good job in prevention and control of alien species invasion, strengthen the monitoring of animal and plant epidemic diseases, strictly handle and report the epidemic situation in accordance with procedures, and strictly prevent import and export of animal and plant epidemic bodies into and out of Jiangxi Wuyishan Reserve.

Article 28 Village (residential) committees in Jiangxi Wuyishan Reserve shall cooperate with local government to do a good job in forest fire prevention and forest pest control.

Organizations and individuals of forests, trees and woodlands shall do a good job in fire prevention and forest pest prevention and control within their scopes.

Chapter 4 Reasonable Utilization

Article 29 Development and utilization of natural resources in Jiangxi Wuyishan

Reserve shall be subject to the requirements for protection and shall be in accordance with the overall planning of the Jiangxi Wuyishan Reserve and its special plan.

Article 30 No facilities shall be constructed in core zone of the reserve.

No production facilities shall be constructed in buffer zone. Strictly control construction of scientific research monitoring and protection facilities. If it is necessary to build field observation stations, sample plots, patrol passages, forest fire prevention and other scientific research monitoring and protection facilities, relevant approval procedures shall be completed in accordance with law. Strictly control land use for construction in experimental zone. Upon approval in accordance with law, facilities related to protection management, scientific research and monitoring, popular science education, and eco-tourism may be constructed.

Strictly control construction of residential houses in experimental zone. If it is really necessary to build, renovate or expand, these elements of houses including location, building area, number of floors and sewage treatment facilities should conform to overall planning of Jiangxi Wuyishan Reserve, should strictly abide by plannings of county, township and village, and should go through relevant approval procedures according to law.

Article 31 If the visit and tourism activities are carried out in experimental zone, administrative agency of Jiangxi Wuyishan Reserve shall prepare a plan, which shall conform to the management objectives of the reserve.

Organizing visits and tourism activities in the reserve shall be carried out in strict accordance with the plan prescribed in the preceding paragraph, and management shall be strengthened. Organizations and individuals who enter the reserve for tours and visits shall be subject to management of administrative agency of the reserve.

It is strictly forbidden to open visits and tourism projects that are inconsistent with protection objectives of nature reserves.

Article 32 Administrative agency of Jiangxi Wuyishan Reserve shall cooperate with local Government to provide employment training, medical education, ecological migration and other livelihood and basic public services and to promote improvement of production and living conditions of residents in the reserves.

Article 33 Administrative agency of Jiangxi Wuyishan Reserve may, together with Yanshan County Government, delineate a fixed production area within experimental zone and make reasonable arrangements in accordance with overall planning of Jiangxi Wuyishan Reserve and production and living conditions of residents. Reasonable arrangements should be made for residents to carry out production and operation activities such as selling bamboo and tea that meet the requirements of ecological protection.

Competent forestry department of provincial government and administrative agency of Jiangxi Wuyishan Reserve shall provide technical and information services to organizations and individuals in Jiangxi Wuyishan Reserve to develop ecological forestry and may provide financial support.

Article 34 If labor and employment are needed for infrastructure construction, resource management and protection, forest fire prevention, scientific research and monitoring, collection and processing of forest products, tourism services, emergency rescue and disaster relief in Jiangxi Wuyishan Reserve, priority shall be, under the same conditions, given to the employment of forest owners and residents of Jiangxi Wuyishan Reserve.

Administrative agency of Jiangxi Wuyishan Reserve may purchase services from the owners of forest rights and residents in Jiangxi Wuyishan Reserve.

Article 35 Administrative agency of Jiangxi Wuyishan Reserve may conduct cooperative research with universities and scientific research institutions in the fields of forest ecosystem monitoring, migratory species protection, alien species invasion, exploitation of sustainable use of natural resources, and transformation of scientific and technological achievements.

Article 36 Administrative agency of Jiangxi Wuyishan Reserve shall establish science popularization education venues, compile science textbooks and audio-video materials with characteristics of Jiangxi Wuyishan Reserve, and regularly carry out activities of ecological environment and popular science education.

Chapter 5 Legal Liability

Article 37 Staff of administrative agency of Jiangxi Wuyishan Reserve or staff of relevant departments have any of the following acts, person directly in charge and person personally responsible for shall be punished according to law:

(1) Failing to implement or altering overall planning of Jiangxi Wuyishan Reserve and its special plan without authorization;

(2) Illegally approving entry into core zone and buffer zone of Jiangxi Wuyishan Reserve to engage in related activities, or illegally approving foreigners to enter;

(3) Failing to formulate plans for carrying out visits and tourism activities or prepared plans do not meet the management objectives of Jiangxi Wuyishan Reserve;

(4) Opening visit and tourism projects that are inconsistent with protection objectives of the reserve;

(5) Failing to carry out visits and tourism activities in accordance with planning;

(6) Failing to perform duties prescribed in these regulations;

(7) Other abuses of power, dereliction of duty, favoritism and malpractice.

Article 38 Anyone who, in violation of provisions of these regulations, illegally logs, wantonly cuts, destroys trees or vegetation, excavates wild plants and medicinal materials, hunts, fishes, purchases, processes and uses, or sells wild animals or other natural resources, shall be punished by administrative agency of Jiangxi Wuyishan Reserve in accordance with laws and regulations on forests, wild animals and plants.

Article 39 Anyone who, in violation of provisions of these regulations, commits one of the following acts shall be ordered to make corrections by administrative agency of Jiangxi Wuyishan Reserve, and shall be fined not less than 300 yuan but not more than 1,000 yuan. If the circumstances are serious, a fine of not less than 1,000 yuan but not more than 5,000 yuan shall be imposed:

(1) Entering core zone without approval;

(2) Conducting scientific research, teaching practice, investigation and observation, collecting specimens and other activities in buffer zone without approval;

(3) Carrying out activities of tourism, mountaineering, adventure, camping and production and operation in buffer zone;

(4) Unauthorized removal or destruction of protection and management facilities.

In violation of the provisions of Clause 2 of Article 39, in addition to punishments prescribed in preceding article, outcome and material objects obtained from unauthorized scientific research, teaching practice, investigation and observation, and collection of specimens will be confiscated. Anyone who violates Item 4 of Article 39 and destroys protection and management facilities, in addition to punishments prescribed in preceding article, shall be compensated for the losses caused according to law.

Article 40 Other violations of these regulations shall be punished by relevant administrative department in accordance with relevant laws and regulations. The relevant administrative department may, within its statutory authority, entrust administrative agency of Jiangxi Wuyishan Reserve to impose administrative penalty.

Article 41 Anyone who violates the provisions of these regulations and constitutes a crime shall be investigated for criminal responsibility according to law.

Chapter 6　Supplementary Provisions

Article 42　These regulations may be implemented with reference to national nature reserves of Matoushan, Jiulianshan, Guanshan and Jiulingshan in this province.

Article 43　These regulations shall come into force on May 1, 2016.

Zhejiang Tianmushan National Nature Reserve
(photo courtesy of Zhejiang Tianmushan National Nature Reserve Administration)

Case Eight

Zhejiang Tianmushan National Nature Reserve:

Circuit court protects ancient trees

LUO Jianwu, FENG Chunting

Zhejiang Tianmushan National Nature Reserve is located at the northwest of Lin'an District, Hangzhou City, Zhejiang Province, at the junction of Zhejiang Province and Anhui Province, covering an area of 4,284 hectares. The highest peak is Xianrending, the main peak of Tianmushan, with an altitude of 1,506 meters. The main protected targets are biodiversity and forest ecosystem. The reserve has a mid-subtropical monsoon climate, has a typical mid-subtropical forest ecosystem and forest landscape, and has a well-protected native vegetation type of evergreen broad-leaved forest and deciduous broad-leaved forest. Tianmushan is known as Fuyushan in ancient times. There are two peaks in the east and the west. There is a "Tianchi" on the top of each peak. It has not dried up for many years. It looks like eyes looking at the sky, so it is called "Tianmu" ("Tian" means sky and "mu" means eyes). According to *Dongyuanji*, a book from the Eastern Han Dynasty, Tianmushan is descripted as: "Thirty-four caves with 'two eyes', the left eye is three thousand zhang high and the right eye is two thousand five hundred zhang high, within the surrounding one hundred mile, also known as Taiweiyuangai paradise-fairyland".

Tianmushan Nature Reserve is favored by public for its rich biodiversity and cultural diversity. In 1956, Tianmushan state-owned forest farm was designated as a "Forest Logging-prohibited area" by former Ministry of Forestry and became a national nature reserve in 1986. In 1996, it was listed in UNESCO World Biosphere Reserve Network. Tianmushan has a high reputation among national nature reserves and has been awarded as "National Youth Science and Technology Education Base" and "National Science and Technology Education Base". Unique topography, landform and rich forest vegetation form a unique complex and versatile forest ecological climate in

Ancient tree of Tianmushan (photo by FENG Chunting)

Tianmushan. There are a wide variety of animals and plants in the reserve, and ancient trees are lush. There are more than 2,160 species of higher plants (37 of which are named after "Tianmu"), including 35 species of national protected plants. There are 2,274 species of higher animals and more than 2,000 species of insects, including 34 species of national first- and second-level protected animals, and 48 species of animals named after "Tianmu". Tianmushan reserve is a veritable "biological gene bank", which has been designated as a teaching and research practice base by more than 70 colleges and universities.

Column

Ancient Tree in Tianmushan

"Tianmushan hangs with two breasts, dragon flies and phoenix dances to Qiantang" (excerpt of a poem from Jin Dynasty) . Tianmushan is in a warm and humid monsoon climate zone, with unique natural conditions and extremely rich biological resources. The flora here reflects ancientness and diversity. Entering Tianmushan National Nature Reserve, trees are lush and luxuriant. Trees of thousands or even tens of thousands of years old can be seen everywhere. Many "ecological stories" signs and boundary markers are set up on both sides of trail in the reserve.

"Beautiful scenery of Tianmushan is more than 1,000 kinds, forest like the ocean of ten miles long". Ancient and famous trees are rare species in the reserve. It is understood that the reserve has the highest *Pseudolarix amabilis* in the country, with a height of 57 meters. There is the world's largest community of ancient *Cryptomeria fortune*, with more than 600 ancient trees with DBH more than 1 meter and 19 *Cryptomeria fortunei* with DBH more than 2 meters. There are also rare and endangered species such as *Cercidiphyllum japonicum* and *Emmenopterys henryi*.

Regarding the ancient trees, as introduced by management personnel of the reserve, the west Tianmushan has the ancestor of the world's *Ginkgo biloba* known as "living fossil", the *Cryptomeria* community known as "big tree kingdom", and the only five strains of *Ostrya rehderiana* in the world. The colorful plants and the picturesque scenery in four seasons have attracted attention of many famous historical scholars. It has not only formed a dazzling green culture and religious culture, but also left some legends about human and nature. For example, *Cryptomeria fortunei*, which is known as the "thousand year tree", is generally over a thousand years old. One of the *Cryptomeria fortunei* located above "Shizikou" is said to have been granted as the "King of Big Tree" by Emperor Qianlong of Qing Dynasty when he visited Tianmushan.

Tianmushan National Nature Reserve Publicity Board (photo by FENG Chunting)

Tianmushan National Nature Reserve Administration is a deputy district-level fully funded public institution with four functional departments of general office, protection, scientific research and production, and planning and development. A Tianmushan forest fire prevention headquarters (secondary public institution) is set up under the administration as well. In October 2018, the assessment team came to Tianmushan reserve. Through consulting relevant archives, the assessment team have conducted field visits against remote sensing monitoring results and have had interviews with reserve administrative agency and community representatives. On this basis, the assessment team fully discussed and collectively agreed that Tianmushan reserve has achieved remarkable results with attention and support of governments at all levels and its competent department, through joint efforts of reserve staff, which are mainly reflected in the following aspects.

Significant Outcomes

The forest ecosystem in the reserve can be divided into four vertical forest ecological climate types, according to the differences in climate distribution, forest vegetation vertical band spectrum, and terrain. Based on the analysis of remote sensing monitoring data and site visits, combined with the relevant literature, the assessment team believed that the key protected targets in Tianmushan reserve were basically stable, and forest coverage and quality had improved. In the past 20 years, the area of ecological forest increased, and the area of economic forest decreased. Especially in the past 10 years, protection actions, such as bamboo invasion control, have been carried out. The landscape changes are mainly characterized by a transformation from bamboo forest, hickory forest and construction land to ecological forest, while the area, patch number and maximum patch index of bamboo forest decreased significantly, reflecting a significant protection outcome. Especially with the rapid economic and social development in East China, local communities in the reserve have gradually replaced traditional energy sources (firewood, etc.) with new energy sources (coal, electricity, gas, etc.), a large number of secondary forests have been restored naturally, and species richness has gradually increased.

In the past ten years, through artificial breeding and *in situ* conservation, the number of rare and endangered species has increased. For examples, the number of *Ostrya rehderiana* has increased from 188 in 2006 to more than 350 at present; the number of *Acer yangjuechi* has also increased from 106 in 2006 to 464 at present; the number of *Ginkgo biloba* has increased from 244 to 262 at present (data from Tianmushan reserve). Since 2004, the reserve has started "Comprehensive Protection Project of Ancient *Cryptomeria fortunei*" and implemented eight rounds of prevention and control measures every year for ten years, effectively curbing the rapid decline trend of ancient *Cryptomeria fortunei* trees. *Implementation Plan of "one tree one policy" for Ancient and Famous Trees Protection in Tianmushan National Nature Reserve* has been compiled and passed expert review organized by provincial forestry department. A comprehensive rescue of 230 ancient trees over 500 years old have been carried out and implemented. Study on evaluation of rescue engineering has been carried out.

Based on scientific research, providing management decision-making references

The reserve actively builds teaching and research practice platform, provides continuous support for research and teaching internship activities of more than 30 major scientific research institutions and universities in China, publishes targeted student practice materials, and plays an important role as an platform of publicity and scientific research.

(1) Jointly create a scientific research monitoring platform and strengthen resource baseline monitoring. In 2010, the reserve cooperated with Zhejiang Agriculture and Forestry University, Zhejiang Academy of Forestry and jointly built Tianmushan Forest Ecosystem Positioning Station. Relying on this positioning station and by actively striving for national projects, studies on vegetation pattern, process and dynamics of Tianmushan have been carried out, and 10 post-graduate students have been trained. The floristic characteristics, distribution of rare and endangered plants, endemic plant populations and number of ancient and famous trees in Tianmushan were comprehensively investigated. Through cooperation with domestic scientific research and teaching institutions, it has successively published a series of monographs such as *Tianmushan Flora* and *Tianmushan Fauna*, and published several scientific research papers that are closely related to investigation and protection of resources in the reserve, providing a reference for scientific management and decision-making of the reserve.

(2) Actively carry out restoration of rare and endangered plant populations. In cooperation with more than 10 scientific research institutions such as Zhejiang

Tianmushan ecosystem
(photo by FENG Chunting)

University, the reserve has carried out research on the threaten mechanism and population restoration technology of endangered plants such as *Ostrya rehderiana* and *Acer yangjuechi*, which has laid a good foundation for breeding and ex situ conservation of *Ostrya rehderiana*, *Acer yangjuechi* and *Acer sinopurpurescens*. In view of the population decline of ancient *Cryptomeria fortunei*, cooperating with 6 institutions such as East China Normal University, the reserve carried out a study on the main decline mechanisms of *Cryptomeria fortunei* (acid rain pollution, gall disease, and low population genetic diversity, etc.). In this study, it proposed comprehensive control techniques for the restoration of ancient *Cryptomeria fortunei*, such as pest control, soil improvement,

Flora of Tianmushan

Fauna of Tianmushan

nutrient control, and expansion of provenance, which effectively improved the health of ancient *Cryptomeria fortunei* community in Tianmushan.

(3) Expand open mode of scientific education bases and do a good job in teaching and practice. By 2017, 30 colleges and universities have listed Tianmushan reserve as their teaching and practice base. In cooperation with these colleges and universities, the reserve has successively published field teaching reference materials, such as *Tianmushan Botany Practice Manual* (*Second Edition*), *Tianmushan Microbiology Practice Manual* and *Zhejiang Tianmushan Insect Practice Manual*.

A corner of specimen room in the reserve (photo by FENG Chunting)

Signs of scientific research cooperation institutions displayed in publicity and education center of the reserve (photo by FENG Chunting)

Awards won by Tianmushan National Nature Reserve (photo by FENG Chunting)

Regional joint defense, giving full play to deterrent role of Circuit Court

Tianmushan reserve has established a protection mechanism of public participation, regional joint defense, synergistic protection, "round table night study", and joint development. On one hand, synergistic protection has been achieved by organizing regional joint defenses. In 2006, a community co-management committee for Tianmushan National Nature Reserve was established, which was composed of 17 villages in the former Xitianmu and Qianhong Townships, and various institutions stationed in Tianmushan. The committee formulated *Convention on Joint Protection* to integrate development of surrounding communities into the development and management planning of the reserve. On the other hand, community residents have been involved in protection work. Priority has been given to the employment of community residents. The reserve employs local community residents as forest rangers, invites them to participate in wildlife protection projects, and pays them with corresponding remuneration. In addition, a joint supervision mode has been implemented by local government and the reserve. The director of reserve administration concurrently serves as secretary of Party Committee of Tianmushan Town and coordinates housing construction and production activities of farmers in the collective forest areas. It is a complement to the lack of forestland jurisdiction of the reserve administration, and it is also conducive to coordinated operations between the surrounding communities and the reserve to achieve a win-win situation for protection and development.

To further strengthen ecological judicial safeguard, the circuit court of Tianmushan

National Nature Reserve was established in December 2017. Using "Circuit Court" as a platform, the reserve has established a good communication mechanism with Linan district court, and invited judges to regularly carry out legal publicity, legal consultation, pre-litigation mediation, online case filing, and circuit trials.

Since the reserve is close to Shanghai, Suzhou, Nanjing, Ningbo and other big cities, it is a well-known tourist destination in Yangtze River Delta region. Therefore, the assessment team recommends that tourism activities should be further regulated, especially during holidays and peak tourist seasons. It is suggested that the reserve should scientifically evaluate the tourism carrying capacity, regulate the control of tourism flow and make precautions. At the same time, it is recommended to actively strive for support of local government and National People's Congress, to study and formulate "one area one regulation" and other relevant regulations for the reserve to increase legal safeguard; and to strengthen publicity and education, standardize publicity and add warning signs in the reserve.

Tianmushan Reserve Sets Up a Circuit Court (Website screenshot, http://www.linan.gov.cn/art/2017/12/6/art_1366281_13913600.html)

Attachment:

Waterways
Volume 40 Excerpts

Zhejiang (a river) flows north through Xincheng County, where Tongxi water channells into it. Tongxi water originates from Tianmushan in the north of Yuqian township in Wuxing County. Tianmushan is an extremely high mountain, with cliffs and ridges, peaks overlapping. Its west is steep, and there is a deep stream below. There are frostwoods on the mountain, which are hundreds of years old, known as Xiangfenglin, the

forest. There is a waterfall to the east, which pours into a deep marsh called Huanlongchi, the pond. The pond water flows southward through the west of Yuqian township and becomes the west stream of the township. Water of the west stream flows southeast and merges with Zixi (a stream). Zixi originates from Baizhangshan in the west of the county, that is, a buried hill. The water of the mountain flows to the southeast, becoming Zixi. There are purple rocks, which are exceptionally long, on both sides of Zixi, which looks like reflection of the morning glow in the water. Zixi is also known as Chilai. Zixi flows to the southeast, passing through Baishishan (a mountain) to the north. The mountain is high and steep, facing Zixi in the north. Zixi keep flows to the southeast, and there are continuous mountains on both sides. Mountains on both sides of the water are oftenly rock cliffs and cliffs from both sides are facing each other. In the stream of more than ten miles, there are numerous reefs supporting each other. The bottom of the stream fills with white sand and fine stones, like frost and snow. Stream and trees mirror each other, springs and mountain rocks compete for attention. This section of the stream is called Loulin.

Reference

[1] XING YU. A cool world, a summer resort: Lin'an Tianmu Mountain[J]. New Countryside, 2010(8): 45.

[2] GUO WANZHEN. The background of Lu Yu picking tea and tasting tea at Tianmu Mountain [J]. Agricultural archaeology, 2013 (5): 199-200.

[3] YU FEI, LI ZHIYONG. Spatial and temporal variation characteristics of landscape scale aesthetic quality in Tianmu mountain nature reserve [J]. Journal of Central South University of Forestry & Technology, 2019, 39 (2): 79-85.

[4] YU FEI, LI ZHIYONG. Forests landscape pattern changes and driving forces in Mount Tianmu [J]. Journal of Zhejiang A&F University, 2020, 37 : 1-8.

[5] ZHOU JINTING. Plant diversity and community characteristics of Yellow and Tianmu mountains in East China[D]. Hangzhou : Zhejiang University, 2019.

[6] TONG XUELI. The circuit court of Tianmu Mountain National Nature Reserve was established[M]//FANG YINGER, WANG FEIXIONG, LIU JINYAN. Lin'an Yearbook. Zhengzhou : Zhongzhou Ancient Books Publishing House, 2018.

Brahma Pure Land (photo courtesy of Guizhou Fanjingshan National Nature Reserve Administration)

Case Nine

Guizhou Fanjingshan National Nature Reserve:

Scientific research guided conservation management

WANG Wei, ZHOU Yue, FENG Chunting

Fanjingshan National Nature Reserve is located at the junction of Jiangkou, Yinjiang and Songtao counties in Tongren City, northeastern Guizhou Province. It belongs to the East Asian monsoon climate zone and has obvious humid climate characteristics of mid-subtropical monsoon mountains. This is a large slope area from the eastern edge of the Yunnan-Guizhou Plateau to the low mountains and hills of western Hunan, that is, a transition area between the second and third levels of the Chinese step terrain. Fanjingshan is the highest main peak of Wulingshan Range that crosses four provinces of Guizhou, Chongqing, Hunan, and Hubei. The highest peak, Fenghuangshan, is 2,570.5 meters above sea level. The total area of the reserve is 42,863 hectares, and the main protected targets are rare and endangered animals and plants such as *Rhinopithecus brelichi*, *Davidia involucrata*, *Abies fanjingshanensis*, as well as the mid-subtropical forest ecosystem. Due to the complex terrain and diverse ecological environment, a complex forest ecosystem and rich endemic species of Fanjingshan reserve are formed. Among them, there are 18 endemic genera in China and 181 species of plants and animals based on Fanjingshan.

Fanjingshan, named after "Brahma Pure Land", is not only rich in biodiversity, but also a Buddhist holy place and cultural mountain with a history of more than 2,000 years in southwestern China. Fanjingshan Nature Reserve is the first nature reserve in Guizhou Province approved to be established in 1978. It was approved by the State Council to be a national nature reserve in 1986. It joined World Biosphere Reserve in the same year and was listed in the World Natural Heritage List by UNESCO in 2018. Fanjingshan National Nature Reserve Administration is a fully funded institution of division level. It is jointly managed by Guizhou Provincial Forestry Bureau and Tongren Municipal Government.

Evergreen broad-leaved forest in Guizhou Fanjingshan
(photo by WANG Wei in April 2017)

Evergreen broad-leaved forest in Guizhou Fanjingshan
(photo by HU Shixue in December 2018)

The Administration implements a three-level management system of administration, main station and management station. The Administration has 9 departments including general affair, personnel, accounting and finance, forestry administration, science and education, legal, forest defense, community coordination, and forest public security branch; the administration has 3 main stations, and 9 management stations. At present, there are 88 authorized personnels in the reserve, including 31 political and legal authorized personnels, 57 public authorized personnels, and 86 on-the-job staff.

Brahma Light (photo by ZHOU Yue)

In December 2018, the assessment team braving snow and ice came to Guizhou Fanjingshan National Nature Reserve. Through remote sensing data analysis, drone monitoring and field visits, and consulting relevant archives, extensive communication were made with reserve administration and community representatives. Experts of the assessment group agreed that the joint efforts of management staff had achieved good results, mainly in the following aspects.

Characteristic scientific research drives conservation management

Over the years, the reserve has attached great importance to scientific research and has always regarded scientific research as an important task. Research team has been continuously expanded and strengthened, and research content has been continuously deepened. A lot of results have been achieved in the research of natural resource conservation. It can be seen from the planning objectives of *Guizhou Fanjingshan National Nature Reserve Master Plan (2011—2020)* that the reserve puts scientific research in an extremely important position. The short-term goals (2011—2015) formulated at that time are: "In line with the principle of 'priorities first, high standards and high starting point', based on existing construction projects, combined with standards and requirements of national demonstration nature reserves, considering climate change, a relatively complete infrastructure and protection management system should be built, and a moderate scale of scientific research and education base and eco-tourism base should be formed." The mid- and long-term goals (2016—2020) formulated at the time are: "Further improve the construction and standards of infrastructure and auxiliary facilities to meet the need for scientific research, publicity and education, and foreign affairs in the reserve; integrate protection, scientific research, publicity, and utilization, with well-installed facilities, standardized management, and complete functions, to realize the digitalization of resource conservation and informatization of scientific research monitoring in the reserves." In general, the reserve has basically completed the goals set 10 years ago in accordance with the master plan.

Davidia involucrata (photo by Guizhou Fanjingshan National Nature Reserve Administration)

In recent years, the reserve has carried out a number of biodiversity monitoring and research in cooperation with domestic and foreign institutions, including long-term monitoring of plant community such as *Fagus longipetiolata*, *Davidia involucrata*, and *Abies fargesii*, as well as systematic monitoring of meteorological, water quality and other related ecological and environmental baseline conditions. The second baseline investigation and population dynamic monitoring of Guizhou snub-nosed monkey has been carried out with self-funding, and the results are remarkable. Since 2012, it has successively published a number of comprehensive scientific research and special investigation results, such as *Fanjingshan Medicinal Plants (Volume I and II)*,

Fanjingshan Bryophytes (Volume I and II) and *Fanjingshan Ferns*, *Fanjingshan Birds*, *Fanjingshan Amphibians and Reptiles* and other monographs. In addition, more than 200 papers have been published and 13 foreign intellectual projects have been introduced.

Rhinopithecus brelichi (photo courtesy of Guizhou Fanjingshan National Nature Reserve Administration)

These scientific research and investigations provide a scientific basis for scientific and standardized management of the reserve, and effectively promote its development. In recent years, the reserve has published 5 new species of seed plants, among which 2 are new records in China, and 1 is new record in mainland China. The new plant distribution records are related to 123 species, 52 genera and 25 families in Guizhou Province. Scientific research projects completed have won 8 national or provincial scientific and technological progress awards.

Significant protection outcome

The main protected targets of the reserve are *Rhinopithecus brelichi*, *Abies fanjingshanensis*, *Davidia involucrata* and other rare and endangered animals and plants, as well as primitive subtropical forest ecosystem. In 2018, with the support of the Field Station Alliance Project of Chinese Academy of Sciences, Xishuangbanna Tropical Botanical Garden of the Chinese Academy of Sciences, Chinese Academy of Environmental Sciences, and Guizhou University jointly carried out a research on assessment of protection effectiveness of Fanjingshan National Nature Reserve. Overall, the forest coverage of the reserve has increased significantly, the population of *Rhinopithecus brelichi* has basically remained stable, and the distribution range of plant communities such as *Abies fanjingshanensis* and *Davidia involucrata* in Fanjingshan is stable and has a potential increase trend.

The relative elevation difference of Fanjingshan National Nature Reserve is more than 2,000 meters. The reserve has a landscape of a mid-subtropical forest ecosystem, reflecting a distinct vertical band spectrum of vegetation: below 1,300 meters above sea level is an evergreen broad-leaved forest belt, 1,300—2,200 meters above sea level is evergreen broad-leaved mixed forest zone, and more than 2,200 meters above sea level is a subtropical alpine coniferous and broad-leaved mixed forest and shrub-meadow zone. Analysis of the land use change of the reserve from 2000 to 2016 through remote sensing image data shows that the proportion of forest land in the reserve has remained above 88%, basically showing a trend of increasing year by year, from 88.45% in 2000 to 95.82% in 2016. While the area of agricultural land, construction land and bare land all show a decreasing trend year by year. The mountain forest ecosystem in the subtropical humid area of Fanjingshan has good resistance and resilience and plays an important regulatory role in regional ecosystem stability.

Rhinopithecus brelichi is a national first-level protected animal in China and is listed as Endangered (EN) by International Union for Conservation of Nature (IUCN) Red List. *Rhinopithecus brelichi* is only distributed in Fanjingshan National Nature Reserve. According to the survey reported in 2017, the estimated number of *Rhinopithecus brelichis* in the reserve is 661-710. Compared with data reported in 2004, the population of *Rhinopithecus brelichi* has basically remained at a stable level of about 700.

The reserve has the largest distribution of *Davidia involucrata* in China, and *Abies fanjingshanensis* unique to Guizhou Province is only found in the subalpine dark coniferous forest on the northeast slope of the Fanjingshan. According to the analysis results of protection effectiveness assessment report, the average DBH, accumulation volume and biomass of *Davidia involucrata* communities in the reserve have shown a

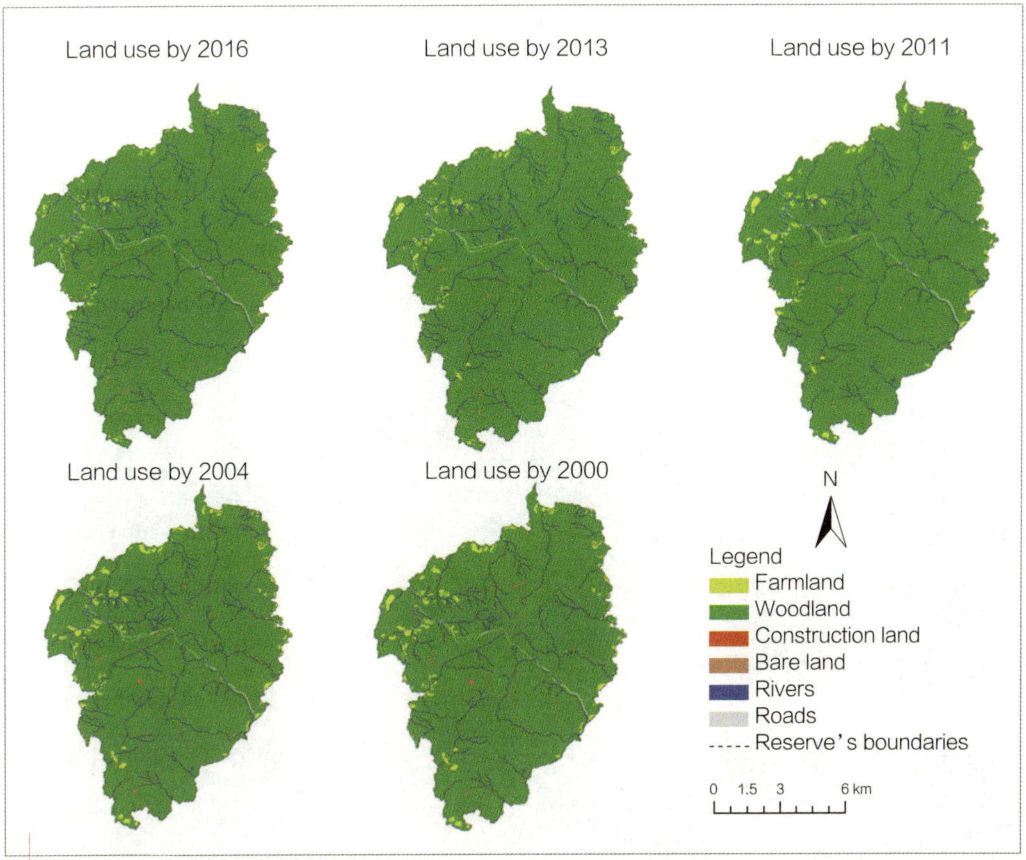

Land use change in Fanjingshan National Nature Reserve (mapping by FENG Chunting)

gradual upward trend. Data also showed that in addition to the known distribution area of *Davidia involucrata*, other distribution sites were found within the reserve, while the population of *Abies fanjingshanensis* showed a slight growth trend.

Abies fanjingshanensis (photo courtesy of Guizhou Fanjingshan National Nature Reserve Administration)

Integrated and effective management system

Fanjingshan National Nature Reserve has established a complete three-level management system of bureau, main station, and management station. There are three main management stations (Heiwanhe Management Station, Minxiao Management Station, and Yinjiang Management Station) under the administration, and there are nine management stations (Jinchang, Furong, Zhangjiaba, Baxi, Xujiagou, Gaofeng, Pingding, Hekou and Lengjiaba) under the three main stations. In August 2018, the thirteenth

热烈祝贺梵净山成功列入世界自然遗产名录

首页 > 新闻 > 本市要闻

《铜仁市梵净山保护条例》于1月1日正式施行

2019-01-01 09:39 来源：铜仁网 投稿：trwz001@126.com 打印

梵净山位于江口县、印江自治县、松桃自治县交界处，是世界自然遗产、世界生物圈保护区、国家级自然保护区、国家AAAA级旅游景区、中国十大避暑名山、中国著名的弥勒菩萨道场，其森林覆盖率为95%。制定《铜仁市梵净山保护条例》是为了进一步加强对世界遗产地梵净山自然生态资源的保护，形成监管合力，杜绝乱搭乱建、滥伐林木、猎捕野生动物、游客破坏资源与环境等行为，主要旨在加强梵净山生态环境、自然资源和生物多样性保护。

《条例》分六章共四十四条，条例对违法行为将处以最高20万元罚款，并依法追究相关责任。《条例》中所称梵净山，是指梵净山世界自然遗产保护范围，包括梵净山国家级自然保护区和与其相邻的印江洋溪省级自然保护区、梵净山——太平河省级风景名胜区、印江木黄省级风景名胜区部分区域及其他区域。

《铜仁市梵净山保护条例》于2018年8月30日由铜仁市第二届人民代表大会常务委员会第十三次会议通过，2018年9月20日经贵州省第十三届人民代表大会常务委员会第五次会议批准公布，自2019年1月1日起施行。（王羽鑫）

责任编辑：杨华

网友评论

Tongren City Fanjingshan Protection Regulations officially implemented (website source：http://www.tongren.gov.cn/2019/0101/173369.shtml)

meeting of Standing Committee of the Second Congress of Tongren City adopted *Tongren City Fanjingshan Protection Regulations*, which provided a powerful way to strengthen protection of ecological environment, natural resources and biodiversity of Fanjingshan.

In addition, the reserve has carried out extensive cooperation with relevant domestic and international institutions to promote protection awareness of surrounding people. Based on the good visibility and influence of Fanjingshan National Nature Reserve, a

Panorama of Fanjingshan (photo by ZHOU Yue using drone)

“Little Green Guard” club was established in July 2013. Volunteers from the United States, Italy, Singapore and other countries, together with the students have carried out a series of summer interactive activities to educate together with the students on wildlife protection awareness. The reserve has also cooperated with the British Consulate General in Chongqing to carry out “Guizhou Provincial Species Conservation Education” project, and has published the first children’s wildlife reading book *Xingda Wildlife Quest* in

Guizhou Province, which has been widely praised.

Due to the successful application of Fanjingshan as a world heritage site, the attractiveness of Fanjingshan to the public will be further improved in the future. Therefore, the assessment team recommends that the reserve should adhere to the protection priority, scientifically determine the tourism capacity and number of tourists, and balance the relationship between economic development and protection. In addition, it should accelerate informatization, realize data sharing, further give full play to the results of scientific research and monitoring, and effectively improve management and protection efficiency.

Attachment:

How should scientific research in nature reserves be carried out?

WANG Wei

This is a question that many reserves are raising. Does the reserve need to train a scientific research team, apply for NSFC and national projects, publish articles and monographs, and train a group of researchers, doctors, and masters?

In April 2017, I was fortunate to participate in the World Biosphere Training held at Fanjingshan training base in Guizhou. Through communication with relevant staff of Fanjingshan National Nature Reserve, maybe, I found the answer.

In the communication with staff from Fanjingshan, I have three thoughts:

Firstly, the reserve attachs importance to scientific research which in turn serves management. Staff of the reserve proposed that the next step is to try to measure free DNA in water to carry out investigation and monitoring of aquatic organisms, that is, the practical application of the species identification technology based on DNA electrophoresis. Therefore, only when scientific research work is put forward by staff of the reserve according to the needs, can the latest technology be better applied to practical work.

Secondly, an open platform should be created. On one hand, Fanjingshan National Nature Reserve introduces highly educated talents; on the other hand, it also supports its own staff to further study and get on-the-job degrees. This situation is similar to Guangxi

Yachang Orchidaceae Plant Reserve I visited a few years ago. Perhaps many people who have completed their post-graduate studies are reluctant to return to the reserve after graduation, and Fanjingshan Reserve is also open to this option. If one's heart is no longer in the reserve, it does not make any sense to force them to stay.

Thirdly, staff of the reserve are willing to focus and learn. In communication with staff of Fanjingshan, some people can take the initiative to learn about scientific research projects we have done here. It shows that staff here have formed a good scientific research habit, and the Brahma Pure Land in the reserve is indeed suitable for those who are aspiring to calm down and think about life. In such a platform, it is natural to cultivate talents of the "Young Science Award" of National Committee of Chinese People and Biosphere on such a platform.

Training base of Fanjingshan Biosphere Reserve in 2017 (photo by WANG Wei)

Academician Xu Zhihong, Chairman of National Committee of Chinese People and Biosphere, awarded trophies to the winners of "Young Science Award" (photo courtesy of Secretariat of National Committee of Chinese People and Biosphere)

Reference

[1] Report on conservation effectiveness assessment of Fanjingshan National Nature Reserve [R]. Guiyang : Guizhou University, 2019.

[2] GUO YANQING, ZHOU JUN, SONG XIANHUA, et al. The population of *Rhinopithecus brelichi in* Fanjingshan National Nature Reserve, Guizhou, China [J]. Acta Theriologica Sinica, 2017, 37 (1): 104-108.

Sunrise at Huangniushi, main peak of Jiulianshan (photo courtesy of Jiangxi Jiulianshan National Nature Reserve Administration)

Case Ten

Jiangxi Jiulianshan National Nature Reserve:

Promote management by assement, achieve results by taking multiple measures

LIU Fangzheng

Jiangxi Jiulianshan National Nature Reserve is located at Longnan County, Jiangxi Province, on the border of Jiangxi Province and Guangdong Province. It belongs to the core area in the east of Nanling Mountains and is a forest ecosystem type reserve. The total area of the reserve is 13,411.6 hectares. The reserve preserves the typical native subtropical evergreen broad-leaved forest ecosystem at low latitudes and low altitudes, belonging to the transitional zone between the humid evergreen broad-leaved forest in the

middle subtropical zone and the evergreen broad-leaved forest in the south subtropical monsoon region, which has rich biodiversity and important scientific research and protection value.

Jiulianshan reserve was established in 1975. It was called "Jiulianshan Trees Reserve", and it was one of the earliest reserves established in Jiangxi Province. It was designated as a provincial nature reserve in 1981 and joined China Biosphere

Evergreen broad-leaved forest in Jiangxi Jiulianshan National Nature Reserve (photo courtesy of Jiangxi Jiulianshan National Nature Reserve Administration)

Reserve Network in 1995. It was promoted to a national nature reserve in 2003, joined China Forest Ecosystem Positioning Research Network in 2014 and became the No. 89 Ecological Positioning Research Station of China's Forest Ecosystem.

The administrative agency of the reserve is Jiangxi Jiulianshan National Nature Reserve Administration, which is a public institution directly affiliated to Jiangxi provincial forestry department. The administration has a general office, a resource consevation section, a community affairs section, and a scientific research management section. Under the administration, there are five ecological positioning research stations (Huangniushi, Daqiutian, Rundong, Hualu and Xiagongtang). The administration has

Forest ecosystem (photo by WANG Wei using drone)

Old office site of the reserve in 1975, Xiagongtang
(photo courtesy of Jiangxi Jiulianshan National Nature Reserve Administration)

55 authorized personnel, and currently has 51 employees, including 6 people with senior professional titles (including 1 professor-level senior engineer), 4 people with postgraduate qualifications and 25 undergraduates.

In March 2018, the assessment team came to Jiulianshan reserve. The assessment team believed that since the assessment work in 2008, the reserve had taken active actions and achieved significant results, mainly in the following aspects: (1) According to the relevant issues and suggestions from the assessment feedback in 2008, management of specimens were improved, and close contact with local government was promoted.

(2) Staff of the reserve have a positive working spirit, who are full of the spirit of master, and have a strong ability to accept and use new technologies and new knowledge. (3) A quantitative performance appraisal system for business departments has been formulated to stimulate the enthusiasm of employees. (4) Jointly carried out long-term ecological environment and forest plot monitoring work with relevant scientific research institutes, colleges and universities, and established a monitoring data management platform.

The author noticed that Jiulianshan National Nature Reserve was assessed as "good" in 2008. After the results were released, the leadership of the reserve promote management according to assement results, and put forward management ideas of "establishing the reserve by protection, rejuvenating the reserve by scientific research, strengthening the reserve with talents, and promoting the reserve by culture", and carried out construction management by taking multiple measures. After ten years of unremitting efforts, Jiulianshan reserve ranked among the top ten in current assessment of 120 national nature reserves in Yangtze River Economic Belt. In recent years, it has also won the honorary titles of "National Forestry Science Popularization Base", "China's Most Beautiful Forest", "China Forest Oxygen Bar", "The Second Batch of Natural Education Schools (Bases) in China", and "The first batch of primary and secondary school students' research, learning and practice education base in Jiangxi Province".

During the field investigation and communication, the continuous scientific research and monitoring work carried out in the reserve left a deep impression to the author. Recalling the assessment process of the reserve at that time, the entire path to Jiulianshan National Nature Reserve was the path of automatic reporting of monitoring data.

The first stop of the assessment team was Rundong Management and Protection

Station in the reserve. A set of 21-factor automatic meteorological and ecological monitoring stations were presented to the author in here. At the same time, management staff took out their mobile phones and showed us the real-time data recorded by the monitoring stations.

Subsequently, the assessment team entered the core protected habitat of subtropical evergreen broad-leaved forest. Here, the air was warm, fresh and pleasant. Along the forest trail, fallen wood quietly crossed, becoming a small paradise for the growth of fungi. After hearing sound of water flow, staff of the reserve introduced to us that the continuous monitoring of meteorology and hydrology in Jiulianshan has lasted for 37 years. HOU Xueyu, ZHENG Guangmei, LI Wenhua, MA Jianzhang, FENG Zongwei, JIANG Youxu and YIN Weilun, members of Chinese Academy of Sciences, took special trips to Jiulianshan National Nature Reserve to carry out inspections and guidance. During the conversation, Celiuyan and Xiagongtang plots appeared one after another,

Mobile phone system of monitoring stations and patrol ranger (photo by LIU Fangzheng)

UAV orthophoto of forest ecosystem in sample plot (photo by WANG Wei by drone)

and hydrological, meteorological and ecological monitoring data of these places were uploaded to information system in real time.

The authors learned that in order to continue to carry out deep monitoring of forest ecosystems, Jiulianshan National Nature Reserve had successively deployed two automatic weather stations, two flow measuring weirs, two 4-hectare sample plots, three 1-hectare sample plots, more than 20 small quadrats and more than 100 infrared cameras. These multi-source, real-time, and large amounts of monitoring data are continuously imported into Jiulianshan National Nature Reserve Forest Ecological Automatic Monitoring System, which has become an important basis for studying climate changes, ecosystem services and biodiversity changes.

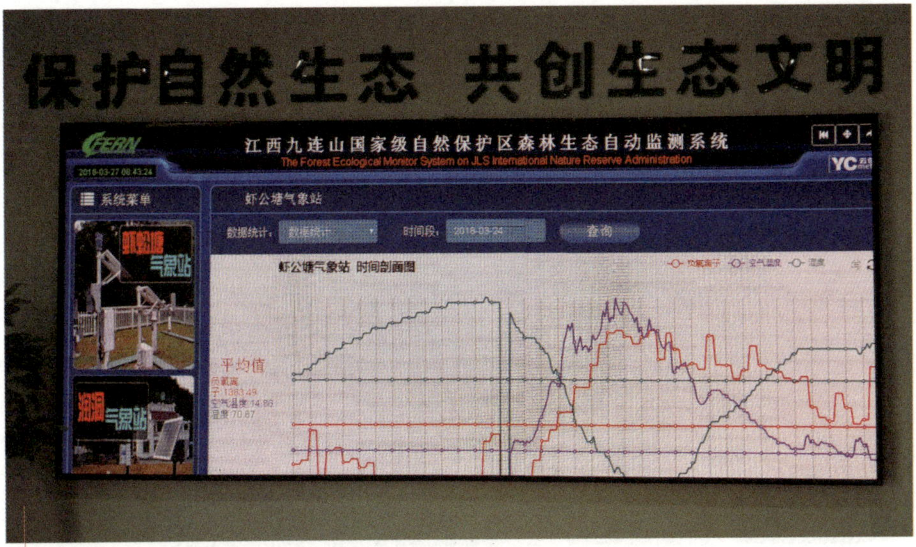

Automatic monitoring system of forest ecology in Jiulianshan National Nature Reserve (photo by WANG Wei)

For the reserve, scientific research and monitoring are not isolated. While carrying out scientific research and monitoring, the reserve has promoted cultivation of talents, and has signed a cooperation agreement for cultivation of scientific research talents with colleges and universities. It has issued *Management Measures for Scientific Research Projects at Bureau Level of Jiulianshan Reserve* and *Measures for Outstanding Individual Selection of Scientific and Technological Work in Jiulianshan Reserve (Trial)*. The administration has set up special scientific research funds and declared projects, and scientific and technological staff have continuously applied for and implemented 15 bureau-level scientific research projects. Among 51 employees, 6 people have senior technical titles (including 1 professor-level senior engineer), and 13 have intermediate

Plank buttresses root (photo courtesy of Jiangxi Jiulianshan National Nature Reserve Administration)

Fungus on dead wood (photo by LIU Fangzheng)

Eastern short-legged toad (*Brachytarsophrys orientalis*) (photo courtesy of Jiangxi Jiulianshan National Nature Reserve Administration)

technical titles. Grassroots patrol personnel have high enthusiasm for work, take the initiative to learn, and use drones to conduct patrol and inspection. Scientific research and monitoring have also promoted their protection and awareness of biodiversity. New species or new records have been discovered in the reserve in recent years. Three new sub-species, *Megophrys jiulianensis*, *Brachytarsophrys orientalis* and *Coladenia buchananii separafasciata*, have been discovered and confirmed by publication. A number of reptiles, ferns and other animals and plants are new records first discovered in Jiangxi Province or in the reserve.

APPENDIX

List of experts for management assessment of national nature reserves in Yangtze River Economic Belt

(Sort by surname order)

CAO Min	Professor, Xishuangbanna Tropical Botanical Garden, Chinese Academy of Sciences
CHENG Jimin	Professor, Institute of Soil and Water Conservation, Chinese Academy of Sciences
GUO Ke	Professor, Institute of Botany, Chinese Academy of Sciences
GUO Zhijie	Senior Engineer, China Maritime Police
HOU Fujiang	Professor, Lanzhou University
HU Shixue	Professor, Chengdu Geological Survey Center, China Geological Survey
LI Hongqing	Professor-level Senior Engineer, Changjiang Institute of Water Resources Protection
LI Xinhui	Professor, Pearl River Fisheries Research Institute, Chinese Academy of Fishery Sciences
LIU Aizhong	Professor, Kunming Institute of Botany, Chinese Academy of Sciences
LIU Wei	Professor, Guangzhou University
LIU Changan	Professor, National Marine Environmental Monitoring Center

LIU Xiaoman	Professor, Satellite Environmental Application Center, Ministry of Ecology and Environment
LUO Jianwu	Senior Engineer, Chinese Academy of Environmental Sciences
MA Wanli	Professor, Forest Products Industry Planning and Design Institute, National Forestry and Grassland Administration
MAO Xiaochang	Professor-level Senior Engineer, China Geological Survey
QIN Weihua	Associate Professor, Nanjing Institute of Environmental Sciences, Ministry of Ecology and Environment
SHI Xiao	Senior Engineer, Beijing Aquatic Wildlife Rescue Center
SONG Wenpeng	Professor-level Senior Engineer, Beihai Environmental Monitoring Center, State Oceanic Administration
SONG Yanling	Professor, Institute of Zoology, Chinese Academy of Sciences
SUI Jixue	Professor, National Marine Environmental Monitoring Center
TAO Siming	Deputy Inspector, former Department of Natural Ecology Protection, Ministry of Environmental Protection
WANG Ding	Professor, Institute of Hydrobiology, Chinese

	Academy of Sciences
WANG Jun	Professor, Yellow Sea Fisheries Research Institute, Chinese Academy of Fishery Sciences
WANG Wei	Associate Professor, Chinese Academy of Environmental Sciences
WEI Qiwei	Professor, Changjiang Fisheries Research Institute, Chinese Academy of Fishery Sciences
XIE Zongqiang	Professor, Institute of Botany, Chinese Academy of Sciences
XIONG Jiawu	Professor-level Senior Engineer, Central South Forestry Survey Planning and Design Institute, National Forestry and Grassland Administration
XU Jiliang	Professor, Beijing Forestry University
ZHAI Shuhua	Professor-level Senior Engineer, Taihu Basin Administration, Ministry of Water Resources
ZHANG Chunguang	Professor, Institute of Zoology, Chinese Academy of Sciences
ZHANG Yanzhai	Professor-level Senior Engineer, Huaihe River Basin Ecological Environment Supervision and Administration Bureau, Ministry of Ecology and Environment
ZHANG Zhijun	Research Librarian, China Geological Museum
ZHU Liyan	Professor-level Senior Engineer, Kunming Survey and Design Institute, National Forestry and Grassland Administration

POSTSCRIPT

Nature reserve assessment practice

WANG Wei

Nature reserves are an important part of national ecological security pattern and one of the most important areas of ecological protection red line. By the end of 2017, China has established 2,750 nature reserves of various types at different levels. The land area of nature reserves accounted for 14.86% of the total land area of China. China's nature reserves have gone through the stages of rescue establishment and a rapid increase in number and area. How to correctly handle the relationship between protection and development while improving environmental quality of the reserves, thereby promoting the standardized construction and scientific management of the reserves, has become an important issue at the current stage of nature reserve development. In recent years, our research team has carried out some practices in monitoring and evaluation, preparation of management plans, and informatization construction by exploring the regulatory framework of nature reserves. In this book, we focus on our works in assessment of nature reserves.

Framework system

The concept of "biosphere reserve" proposed by UNESCO has been implemented in China for 40 years, and it has played an important role in the three interrelated functions of protection, development and logistics support. When we carry out assessment of nature reserves, the objectives are similar to the three core functions of the world's biosphere reserves. Protection function is the premise and foundation of nature reserves; scientific research, monitoring, and education are the most important tasks of the reserves, and the concrete manifestation of effective implementation of logistics support function; green development concept is an important part of XI Jinping's Ecological Civilization Thought and provides scientific guidance for practice of "lucid waters and lush mountains are invaluable assets" in nature reserves.

In practice, we introduced "adaptation-based management" framework system into the assessment of nature reserves. Adaptation-based management is a process of constantly adjusting management measures and decision-making to meet the dynamic changes. That is, as time progresses, management methods are adjusted in a timely manner through system monitoring to reduce uncertainties, thereby determining and optimizing management strategies. Based on the framework system of adaptive management, our idea is to take the assessment of nature reserves as the goal-oriented, from the acquisition of evaluation indicators to promote the monitoring of the ecological environment and the main protection targets, and based on the results of the monitoring and evaluation, clarify the key areas and guide the preparation of the next management plan and other work, so as to realize the fine supervision of the reserve. Assessment of nature reserves is both a goal and a means, mainly including two complementary aspects which are assessment of management process and assessment of protection effectiveness.

Management assessment

In order to strengthen the supervision and management of nature reserves and improve their construction and management, the former State Environmental Protection Administration issued *National Supervision and Inspection Measures for Nature Reserves* in 2006, proposing relevant provisions for regular assessment. Since 2007, the former Ministry of Environmental Protection, together with Chinese Academy of Sciences and six other departments, has jointly carried out management assessment of nature reserves. By the end of 2016, it had covered 394 national nature reserves. A number of experts recommended by different departments participated in this work. By combining current situation, work progress and existing issues of nature reserves management, they put forward targeted opinions and suggestions to strengthen local governments, competent departments and reserve administrative agencies. Related management work is of guiding significance. The assessment results show that 70.78% of the national nature reserves have unclear boundary or land ownership, especially in those with illegal projects, related issues are particularly prominent, and the resulting land disputes and community conflicts also occur from time to time, which not only affects the effectiveness of management and protection of the main protection objects, but also affects the economic development of surrounding communities.

In order to implement the important national strategy of ecological environmental protection in Yangtze River Economic Belt, the Ministry of Ecology and Environment took the lead in several relevant departments at the end of 2017 and launched a new round of national nature reserve management assessment in 11 relevant provinces (including 2 municipalities). Our research institute is responsible for the implementation and comprehensive assessment of infrastructure, management process, effectiveness and problems of the reserves. This assessment work is combined with "Green Shield" Special Action on Supervision and Inspection of Nature Reserve carried out in recent years, as well as the related supervision and law enforcement work, forming a supervision model that combines special actions with routine assessment approachs such as regular assessment, which has been reported by *Xinhua News*, *People's Daily*, *China Environment News* and other major media.

As of the end of 2018, there were 153 national nature reserves in 11 provinces in Yangtze River Economic Belt, with a total area of 71,100 square kilometers. These reserves played an irreplaceable role in biodiversity protection and provided water conservation and other important ecosystem services for approximately 600 million people along the route. Under the guidance of Ministry of Ecology and Environment, we specifically implemented management assessment of 120 national nature reserves in 11 provinces in Yangtze River Economic Belt. The assessment used the newly prepared *Specifications for Management Assessment of Nature Reserves* (HJ 913-2017) by our research institute, which is in line with the scoring sheet used in the first round of management assessment of 394 national nature reserves in 2007-2016. In contrast, it highlights the degree of attention paid to issues of violations of laws and regulations, changes in the main protection objects, and can objectively reflect the status and effectiveness of the reserve management. In addition, under the guidance of Department of Natural Ecological Protection of Ministry of Ecology and Environment, our research team has developed a mobile monitoring App for nature reserves for current assessment, and performed location records and real-time upload analysis of violations of laws and regulations in reserves. At the same time, this App has also been applied in special action of Central Environmental Protection Supervision and "Green Shield" Special Action on Supervision and Inspection of Nature Reserve, and has been comprehensively promoted in the provinces in Yangtze River Economic Belt.

Protection effectiveness assessment

Since the 1980s, the question "are nature reserves useful?" has become a hot topic in the field of nature reserves research. In order to ensure the management quality and effectiveness of nature reserves, it is necessary to further evaluate their protection effectiveness to determine to what extent they have achieved the originally expected protection goals. The effectiveness of nature reserve protection refers to its effectiveness in protecting the main protected targets, and its effectiveness in maintaining biodiversity and safeguarding ecosystem service functions.

In recent years, our research team has gradually carried out research on conservation effectiveness assessment at different scales such as national, provincial, regional, and individual nature reserve. For example, our research institute led the implementation of a major project of environmental protection and public welfare industry in 2012–2014, "Research on Key Technology of National Nature Reserve Protection Effectiveness Assessment and Standardized Construction", conducted research on representative ecosystems such as forests, wetlands, grasslands and deserts, as well as different types of wildlife reserves, and developed more effective analysis methods such as "matching" technology, explored the assessment index system for protection effectiveness of natural reserves, and carried out related case studies. From 2016 to 2018, the Xishuangbanna Tropical Botanical Garden of Chinese Academy of Sciences and our research institute jointly implemented Chinese Academy of Sciences Field Station Alliance project "Evaluation of Protection Effectiveness of Typical Nature Reserves in China", cooperating with more than 20 scientific research institutions and relevant nature reserve management agencies, completed case study reports of protection effectiveness assessment of 15 nature reserves, and further optimized the relevant index system and its standards and specifications.

During the development of these projects, I had the opportunity to visit hundreds of nature reserves, but when I tried to select one suitable for carrying out protection effectiveness assessment, I can only found a few cases with long-term systematic monitoring data of biodiversity. The scientific management and protection effectiveness assessment of nature reserves must be based on systematic monitoring data. In recent years, some nature reserves have realized the importance of long-term monitoring of biodiversity, and some domestic research institutes have begun to cooperate with nature reserves in monitoring and proposed the establishment of a third-party assessment mechanism. Coincidentally, many of these reserves where we conduct conservation effectiveness assessment studies are also world biosphere reserves. This also shows from another angle that the idea of a world biosphere reserve has played an important role in promoting the development of nature reserves.

Based on the concept of adaptation-based management, combined with the results of these case studies, we have proposed a set of protection effectiveness assessment systems for different types of nature reserves. The original intention is to improve the corresponding monitoring system of nature reserves based on protection effectiveness assessment. Of course, the system is difficult to achieve perfection at once, but after all, it is the beginning, and we will continue to summarize and improve in the process of application. Only in this way can we take out scientific data to support decision-making when we appreciate good ecological benefits of nature reserves, when we are distressed by destruction of its ecological environment, when we diagnose its protection status, and when we provide recommendations on development direction of nature reserves.

Outlook

Based on the current nature reserve assessment, I suggest that the following three aspects should be used as a whole to make the assessment work to a new level.

In terms of breadth, the assessment of nature reserves has evolved from assess nature reserves themselves to assess the system of nature reserves by taking national parks as the main subject. Based on the current management assessment of national nature reserves, the assessment scope will be fully extended to all types of protected areas such as national park system pilots, nature reserves at all levels, and scenic spots. Because different types of protected areas differ in terms of target setting, main protected targets, and management level, there are also major differences in basic work such as scientific research and monitoring. It is recommended that protection effectiveness assessment system in line with the actual situation of different protected areas can be formulated according to the characteristics of the main protected targets. Baseline data of the assessment is determined through the resource background survey, and on this basis, the long-term monitoring of the main protected targets and their habitats is carried out, and the monitoring of the number, distribution, age structure, habitat integrity, ecosystem services and other contents of the main protected targets is emphasized, so as to provide basic data support for the assessment.

In terms of depth, one should highlight problem-oriented, give full play to the role of effectiveness of protection management, scientific research cooperation, green development and other aspects. As Philippe Pypaert, the head of Natural Science Project of UNESCO China Office, said at Guiyang Ecological Civilization Forum 2018, the World Biosphere Reserve will be dedicated to becoming a specific area for practicing interdisciplinary approaches for understanding and managing changes and interactions between ecological and social systems. I suggest to further deepen theoretical research of sustainable ecology and promote nature reserves to be the practice and innovation bases of "lucid waters and lush mountains are invaluable assets".

In terms of system, a sound and complete assessment system and guarantee system are formed to assist supervision and law enforcement of nature reserves. In order to implement the major task of "Resolutely Investigate and Deal with Ecological Destruction" put forward by *Opinions of Central Committee of Communist Party of China and the State Council on Comprehensively Strengthening Ecological Environmental Protection and Firmly Fighting Crucial Battle of Pollution Prevention and Control*, we should formulate a long-term mechanism for protected area assessment at national level, institutionalize and standardize scientific assessment, and combine management assessment with effectiveness assessment to jointly build a integrated supervision and management mode. This will provide refined supervision suggestions for Central Environmental Protection Supervision and the "Green Shield" Special Action, and effectively protect and improve the quality of the ecological environment.

(Author: WANG Wei, this article has been published in *Man and Biosphere* 2018, No. 5, slightly modified here)